全国气举技术研讨会论文集(2011)

中国石油天然气集团公司吐哈气举技术中心　编

石油工业出版社

内 容 提 要

本书为第二届全国气举技术研讨会所汇集的论文，内容包括气举采油工艺技术、气举采油优化设计、井下专用工具和气举采油应用实例等。

本书可供采油技术人员、管理人员以及石油高等院校采油、采气专业的师生参考使用。

图书在版编目（CIP）数据

全国气举技术研讨会论文集.2011/
中国石油天然气集团公司吐哈气举技术中心编.
北京：石油工业出版社，2011.9
ISBN 978 – 7 – 5021 – 8679 – 1

Ⅰ. 全…

Ⅱ. 中…

Ⅲ. 气举采油 – 学术会议 – 中国 – 文集

Ⅳ. TE355. 3 – 53

中国版本图书馆 CIP 数据核字（2011）第 183509 号

出版发行：石油工业出版社
　　　　　（北京安定门外安华里 2 区 1 号　　100011）
　　　　　网　　址：www. petropub. com. cn
　　　　　编辑部：（010）64523563　　发行部：（010）64523620
经　　销：全国新华书店
印　　刷：北京华正印刷有限公司

2011 年 9 月第 1 版　　2011 年 9 月第 1 次印刷
787 × 1092 毫米　　开本：1/16　　印张：8.5
字数：170 千字　　印数：1—1000 册

定价：38.00 元

前　言

　　气举作为一种适应范围广、运行成本低的人工举升方式，在国内外油田生产中得到广泛应用。我国的气举采油技术发展虽然起步较晚，但发展非常迅速，发展成就斐然，初步形成了我国气举采油技术体系和装备。2007 年 9 月，首届全国气举采油技术研讨会在中国石油吐哈油田气举技术中心隆重召开，会议全面总结了气举采油技术研究所取得的成就，推介了气举采油技术研究的新成果、新技术、新产品，会议研讨了气举技术存在的热点和难点问题，明确了气举技术发展方向。为进一步提高我国气举技术的研究开发和应用水平，中国石油吐哈气举技术中心举办"第二届全国气举技术研讨会"。目的在于系统总结 2007 年首届气举会议召开四年来的气举技术研究新成就，为国内气举技术研究与应用服务单位搭建交流最新科技成果、实现资源共享、优势互补、共同发展的平台。

　　本书的编辑出版得到了中国石油集团公司科技管理部的高度重视，长江大学、西南石油大学、全国各应用气举技术的油田等相关单位的专家学者也给予了大力支持，在此谨向他们表示衷心的感谢！

全国气举技术研讨会论文集（2011）编委会

目　录

油田应用

基础理论和实验装备

工 艺 技 术

产 品 研 制

软 件 开 发

油田应用

让那若尔油田气举采油技术发展及应用

张宝瑞[1]　郭双根[1]　杨萍萍[1]　曹祥元[2]　嵇国华[2]

（1. 中油阿克纠宾油气股份公司；2. 吐哈油田工程技术研究院）

摘　要：随着让那若尔油田开发的不断深入，油井生产呈现产能下降、压差变小、气举效率降低等新的难题，针对这些难题，阿克纠宾油气股份公司开展了一系列的技术研究，并在现场进行了应用，取得了较好的效果，本文主要对上述研究内容及应用效果进行了分析和总结。

关键词：让那若尔油田　气举采油　加深注气　湿气气举　柱塞气举

让那若尔油气田位于西哈萨克斯坦滨里海盆地东缘隆起带上，分 KT－Ⅰ和 KT－Ⅱ两个层系，埋深分别为 2800m 和 3800m，属于低孔低渗油气藏。其原始原油气油比高；天然气中 H_2S 气体含量达 6% 以上，产出流体具有较强腐蚀性；油田天然气储量丰富，有 $1004.81 \times 10^8 m^3$ 地质储量的气顶气藏；气举采油是最适合让那若尔油田开发的机械采油方式。

随着油田开发的深入，2006 年以来，地层压力系数降至 0.5 左右，生产压差不断减小，注气点以下井底积液的现象不断加剧；南区平均产液量产液量降至 19t/d，低产井（产液量小于 20t/d）所占比例达到了 47.5%，气举效率下降；气举规模的不断扩大，导致压缩机供气能力不足，而压气站配套系统建设周期长，投资高，油田的经济效益下降。

1　技术解决思路及研究内容

1.1　加深注气深度技术研究

让那若尔油田主力开发层位为 KT－Ⅱ层，油藏平均埋深为 2800m，地面注气压力仅为 8～8.5MPa，常规的气举设计最大注气深度仅为 2850m，而目前南区主力开发层位的平均地层压力低于 20MPa，生产压差较小，且注气点以下井底积液严重，

针对上述问题，为了扩大生产压差，同时减少井底积液现象，提出了加深注气深度的研究思路。注气深度的加深提出了两种途径：（1）第一级气举阀深度的增加；（2）增大阀间距。加深注气深度研究主要是围绕这两个方面进行的。

主要研究内容为加深注气深度方法研究。变目前的等压降降套压设计方法为变压降降套压设计方法，提高注气压力利用率，进而提高阀间距减少油井滑脱，提高举升效率；

1.2　低产井增效技术研究

让那若尔油田南区气举井平均产液量产液量降至 19t/d，低产井所占比例达到了 43%，由于产能的下降和滑脱的增大，导致气举井举升效率下降。因此对于低产井主要以提高其举升效率、降低举升成本为主。因此低产井的改造主要通过两种思路进行。

（1）减少滑脱技术研究。分析目前让那若尔油田气举井的流态，寻找滑脱及井底积液的原因。

（2）气举井增效技术研究。针对目前气举井的供液能力，在不对油藏改造的前提下，对气举井的举升特性进行研究，进而提高气举井的举升效率。

主要研究内容如下。

（1）管柱改造。变目前的半闭式管柱为闭式管柱，减少油井滑脱，提高举升效率。

（2）工作制度优化。由于低产井的地层供液能力较差，从而导致注气利用效率低，从而导致了气举效率低，如果能对气举井的工作制度进行优化，提高注气利用率，则可以提高其举升效率、降低举升成本。

1.3 湿气气举技术研究

随着油田气举规模的不断扩大，气量的供需之间的矛盾日益尖锐，为了解决这种矛盾，且降低油田投资成本、缩短建设周期，提出了湿气气举的研究思路。所谓湿气气举，就是将油田的伴生气经过简单的脱水（不脱硫）进行增压后作为举升介质，进行气举采油。

主要研究内容如下。

（1）湿气气举流程设计。

（2）配套技术研究。主要是针对湿气易冻堵、易腐蚀的特性开展防冻堵、防腐蚀的技术研究。

1.4 柱塞气举技术研究

随着油藏供液能力的下降，连续气举采油的举升效率越来越低，为了更大程度的发挥油井的产能，充分发挥油井的产能，建议开展柱塞气举采油等间歇气举采油技术研究。

主要研究内容如下。

（1）柱塞气举设计方法研究。

（2）地面及井下控制流程设计。

2 主要研究成果及应用

2.1 加深注气技术研究成果及应用

2.1.1 加深注气深度研究成果

让那若尔油田目前采用的是等压降降套压连续气举设计方法，即设定一个阀间压降，气举阀间距均按此阀间压降进行设计。该方法的优点是设计安全、气举阀工作状况可靠；但缺点是阀间压降数值设计过大，容易造成注气压力的损失过大，降低了注气压力的利用率，导致气举井注气深度偏低。

2.1.2 应用情况

2010 年加深注气深度在让那若尔油田进行了应用，应用情况对比见表 1 所示。

表 1　2010 年加深注气深度应用效果统计

井别	井数（口）	注气深度（m）		加深深度（m）
		措施前	措施后	
老井	19	2902.7	3203.18	300.48
新转井	17		3084.23	
合计	36		3134.03	

从表1可以看出，在2010年加深注气深度应用中，气举井平均注气深度达到3134m，其中老井的平均注气深度为3203m，较加深注气前注气深度增加了300m，新井平均注气深度达到了3084m，取得了较好的应用效果。

2.2 低产井增效技术研究成果及应用

随着油井的地层供液能力逐渐下降，连续气举井产量下降，目前南区油井平均产量为23t/d，北区平均产量为31t/d，低产井（产液量小于20t/d）所占比例不断增加，占气举井数47.5%左右。让那若尔油田气举井产量分级见表2所示。

表2 让那若尔油田气举井产量分级

产量Q	井数口	平均耗气量（m³/h）	平均产液量（t/d）	平均产油量（t/d）	平均生产气油比（m³/t）	平均含水（%）	平均井底流压（kgf）
Q≤10	56	247	7	7	1468	5.81	58.47
10<Q≤20	59	427	15	13	1068	12.28	72.77
20<Q≤30	42	536	25	20	726	19.28	83.52
30<Q≤50	54	699	38	30	575	21.31	104.09
50<Q	31	887	69	37	449	43.13	131.92

2.2.1 低产井增效技术研究成果

2.2.1.1 管柱改造

部分低产气举井若减少气量，其产量降低或者不生产，这正符合滑脱的特性，因此若能有效的降低油井的滑脱，其注气量必定可以减少。闭式管柱与半闭式管柱相比，最大的特点就是只允许流体单向进入油管，阻止滑脱的液体回落到井底，因此闭式管柱可以降低滑脱的程度，让那若尔油田目前的气举完井管柱为半闭式气举管柱，只要向管柱中的坐放短节中投入平衡式单流阀即可将半闭式管柱转变为闭式管柱，如图1所示。

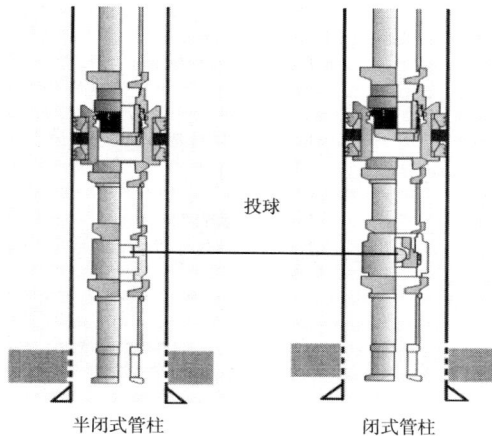

图1 半闭式与闭式管柱对比

半闭式管柱的优点如下：

（1）减少滑脱，提高举升效率；

（2）不需更换管柱，不会对地层造成污染，在现有常规气举完井管柱中投入平衡式单流阀即可；

（3）钢丝投捞作业，作业见效快。

2.2.1.2 工作制度研究

低产井的工作制度优化组合了间歇气举的特点，其工作制度基本与间歇气举相同。在间歇气举过程中，井底压力随着时间变化而不断变化，为了提高间歇气举开采效果，必须进行工艺参数优化。间歇气举工艺参数包括开井时间、关井时间和所需的日注气量等。间歇气举的能量主要来源于地面高压气体，间歇气举过程由循环的关井和开井组成。一个循环过程包括关井恢复压力和开井生产两个阶段。当开井生产时，套管内的气体向油管膨胀，到达液体段塞下面，推动工作阀上部液体段塞向上运动。如果地面气体能量高，液体段塞能够运动到达井口，那么就能进行正常的间歇气举，否则，液体段塞不能到达井口。如果地面气体能量刚好能将液体段塞推到井口，那么就能进行正常的间歇气举。因此，确定出地面套压所能驱动液体段塞刚好到井口位置时对应的液体段塞长度，就能进行其他参数计算。

根据让那若尔油藏目前的地层供液特性，以及间歇气举的计算过程，我们编制了计算机计算程序，从而实现了因此为了迅速、准确地对气举井的工作制度进行计算，特编制计算机计算程序，其操作界面见图2所示。

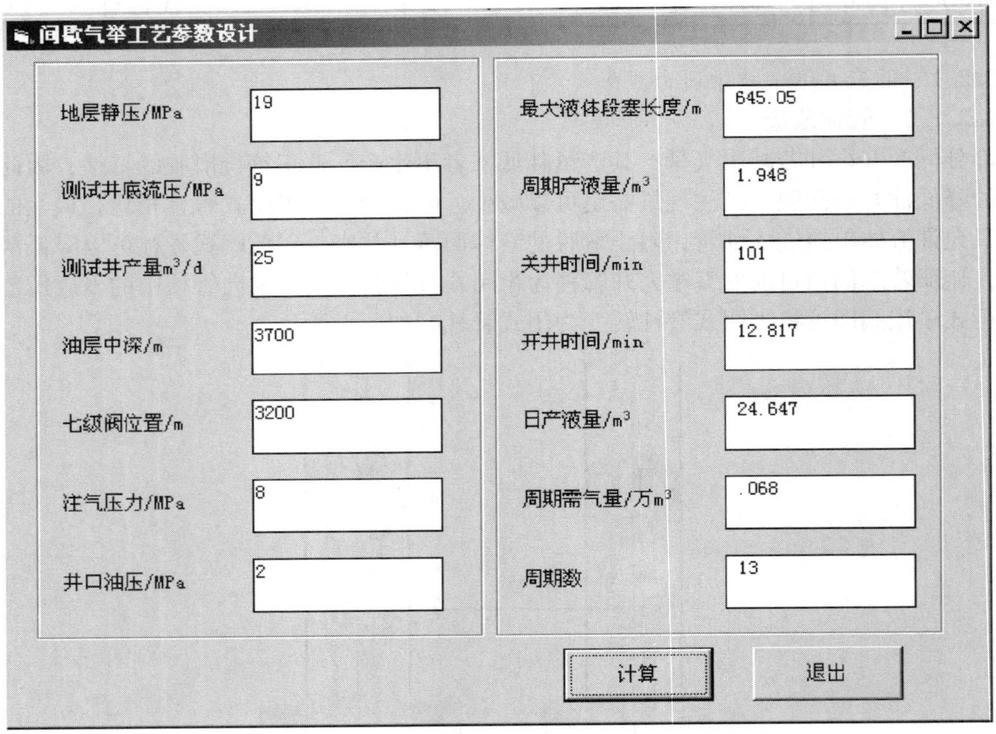

图2 低产井工作制度计算编程操作界面

2.2.2 应用效果

由于低产井工作制度的变化需要对低产井的地面流程进行改造，加装地面控制系统，因此短期内未在让那若尔油田进行现场试验，2010年管柱改造技术在让那若尔油田应用了4口井，其应用效果见下表3所示。

表3 闭式管柱在让那若尔油田的应用对比

井号	试验前				试验后				备注
	产液量（t/d）	产油量（t/d）	含水（%）	注气量（m³/h）	产液量（t/d）	产油量（t/d）	含水（%）	注气量（m³/h）	
3703	11	9.02	18	490	18	14.76	18	490	效果好
3502	21	18	15.65	660	22	19	14.91	660	效果一般
2004	5.7	5	4.8	320	7	7	3	170	效果好
5071	30	20	31	1000	24	13	47	1000	效果一般

从表3可以得出如下结论。

（1）低产、低含水井效果好。

（2）中产或高含水井应用效果差。

（3）低产井可实现增产或增效的目的。针对低产井具有推广应用的前景。

2.3 湿气气举技术研究成果及应用

2.3.1 湿气气举技术地面流程改造

湿气气举地面流程如图3所示。

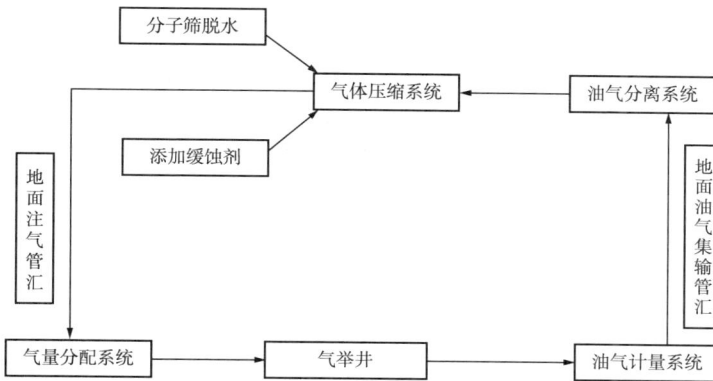

图3 湿气气举地面流程

用分子筛脱水代替油气处理系统，同时向压缩气中加入缓蚀剂，降低湿气对设备的腐蚀能力。

2.3.2 湿气气举防冻堵措施研究

由于湿气中含水量较高，极易形成水合物发生冻堵，因此开展了防冻堵技术研究。让那若尔油田湿气水合物形成曲线如图4所示。

研究形成的主要措施为：

（1）提高压缩机出口温度；

（2）配气间保温，且关键部位伴热；

（3）配气间配置甲醇注入泵；

（4）分子筛脱水；

（5）井口配套防冻堵装置。

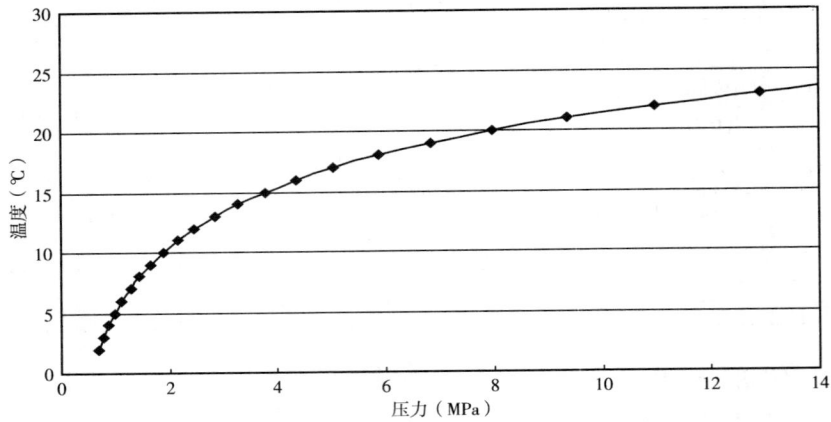

图 4　让那若尔油田湿气水合物形成预测曲线

2.3.3　湿气气举防腐蚀措施研究

针对让那若尔油田湿气腐蚀特性，采取的防腐蚀措施主要为：

（1）地面配备防腐压缩机、配气间；

（2）缓蚀剂添加装置；

（3）定期跟踪和分析管线、设备的腐蚀程度。

2.3.4　应用情况

从 2008 年 9 月湿气气举开始在让那若尔应用，其应用情况如表 4 所示。

表 4　让那若尔油田湿气气举应用情况

阶段	生产状况					备注
	配气间数量（个）	注气井数量（口）	总耗气量（m³/d）	总产液量（t/d）	总产油量（t/d）	
第一阶段	12	81	780000	1436	1242	2008.9—2009.69
第二阶段	20	119	1437600	2494	2138	2009.7—2009.10
第三阶段	24	134	1818864	3201	2684	2009.11 至今

2.4　柱塞技术研究成果及应用

柱塞气举时间歇气举的一种特殊形式，柱塞作为一种固体的密封界面，将举升气体和被举升液体分开，减少气体窜流和液体回落，提高举升气体的效率。柱塞气举可充分利用地层能量，尤其适合于高气液比的油井。对常规连续气举或间歇气举效率不高的井，采用柱塞气举可提高生产效率，避免气体的无效消耗。柱塞气举还可用于易结蜡、结垢的油井，沿油管上下运动的柱塞可以干扰破坏油管壁上的结蜡、结垢过程，这样就省去了清蜡和除垢的工序，节约了生产时间和生产费用。柱塞气举的安装、生产和管理费用都很低。

2.4.1　柱塞气举敏感性分析

由于柱塞气举的工作参数是随时间变化的，在柱塞不同运动循环中，柱塞及被举升液体的运动速度每次是不一样的。在气体聚集时间一定的情况下，产气量和柱塞循环周期的大小决定于井筒恢复的液量（每循环液量）。因此，对于柱塞气举采油系统参数的分析方法主要是分析在不同的循环液量下，敏感性参数与举升效率（气液比）的关系，如表5所示。

表5　柱塞气举最小气液比条件

举升高度（m）	最小气液比条件（m³/m³）
500	87
1000	179
1500	278
2000	383
1500	495
3000	612

2.4.2　柱塞地面及完井装置设计

柱塞气举完井管柱自上而下主要由带气举阀的工作筒、柱塞、柱塞缓冲器、油管卡定器、单流阀等组成，如图5所示。

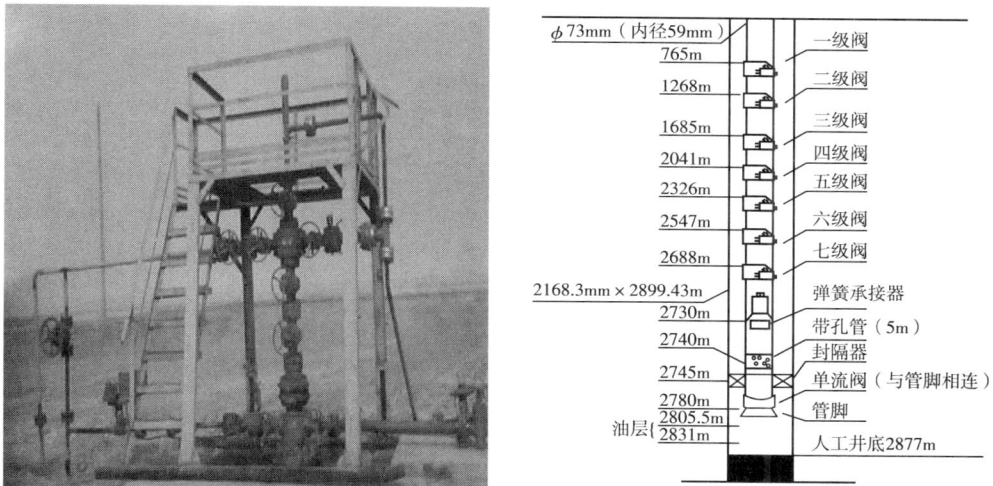

图5　让那若尔油田柱塞气举地面及井下装置

油井和气井在完成其他措施作业后，按照本井气柱塞气举完井工艺下入完井工艺管柱，各级排液阀的深度可在上下5m范围内调整，工作筒、气举阀按照设计深度下入，单流阀、油管卡定器、柱塞缓冲器可以同完井管柱一起下入，也可等完井管柱下到位后用钢丝作业工具下入，柱塞则在油井恢复正常生产后投入。管柱上设置了几级带气举阀的工作筒，柱塞下部的气举阀作为油井产出高压气体进入油管的通道，柱塞上部的气举阀用于排出进气阀以上井筒中的压井液，使油井恢复正常生产。

2.4.3　柱塞地面及完井装置设计

2010年柱塞气举技术在让那若尔应用了4口井，应用效果如表6所示。

表 6 让那若尔油田柱塞气举应用效果

井号	柱塞气举前				柱塞气举后				对比			
	注气量 (m³/h)	产液量 (t/d)	产油量 (t/d)	含水 (%)	注气量 (m³/h)	产液量 (t/d)	产油量 (t/d)	含水 (%)	注气量 (m³/h)	产液量 (t/d)	产油量 (t/d)	含水 (%)
3300	880	15	13	11	600	17	14	18	−280	2	1	7
664	320	7	7	4	245	11	10	7	−75	4	3	3
716	320	6	6	2	108	9	8	10.3	−212	3	2	8.3
3477	320	4	4	2	130	6	6	4	−190	2	2	2

3 认识及结论

通过让那若尔油田的连续气举采油技术研究和应用，取得以下认识。

（1）变压降气举设计方法能够有效的增大阀间距，进而增大气举井的注气深度，使得注气深度增加了 300m 左右，能够进一步的发挥油井的产能；

（2）湿气气举技术的应用，不但解决了气量的供需矛盾，而且减低了油田的投资成本、缩短了建设周期，同时配套技术的完善，保证了湿气气举采油的平稳运行；

（3）低产井增效技术研究，能够有效地提高了低产井的举升效率，但管柱改造的适用具有一定的局限性，其应用原则需要进一步的完善；

（4）柱塞气举技术的设计结果可靠，具有明显的增产效果；

（5）上述研究内容有效地解决了让那若尔油田中后期出现的技术难题，最大限度地保证了油田产量的稳定，为油田的高效开发提供了极其重要的技术支持。

大斜度井气举技术在南堡油田的应用

冯仁东

（吐哈油田工程技术研究院　新疆鄯善　838202）

摘　要：目前常规直井气举采油工艺基本完善，但将其直接应用于大斜度井适应性差。本文针对大斜度井中气举采油所面临的技术难点，从气举设计优化、井下管柱力学分析、完井管柱优化、完井工具和钢丝投捞工具研发等几个方面对大斜度井气举技术进行了研究，形成了一套适合于大斜度井气举采油的工艺方法，并在冀东油田 1－3 号人工岛现场应用 93 井次，气举设计符合率 92%，管柱成功率 97%，气举投产成功率 100%，在国内成功实现了大斜度井、水平井气举采油。

关键词：大斜度井　气举技术　气举设计　完井管柱　完井工具　钢丝投捞工具

冀东油田南堡 1－3 人工岛是一个新开发砂岩、碳酸盐岩和火山岩的溶解气驱油藏。油藏埋藏深（2250～3050m），气油比较高（100～200m³/t）。油田采用 3.3m 小井距定向井集中开发，油井造斜点 400～800m、井斜角 40°～60°，最大 70°以上 。前期采油方式优选，认为有杆泵、潜油电泵两种常规人工举升方式对高气油比、出砂油井适应性差，容易出现泵效低、杆柱断脱等现象，导致检泵周期短，作业频繁，油井生产时效低，不利于油田的快速高效开发。而气举采油完井管柱结构简单，井下无运动部件，不受油井出砂和气油比高的影响，管柱使用寿命长，能广泛地适用于各类油藏和各种复杂井况油井。气举采油被确立为南堡 1－3 人工岛大斜度井高效低成本开发的唯一人工举升方式。

1　大斜度井气举采油难点

在大斜度井中气举采油工艺与直井有很大的区别，大斜度井不能照搬其在直井中的应用模式。气举采油技术在大斜度井中存在一些技术难点需要攻克，主要表现在以下三个方面。

一是气举工艺设计，气举阀工作参数设计主要设计气举阀级数、各级气举阀下入深度、阀孔尺寸、调试打开压力，为气举工艺设计和气举工具调试准备提供依据。若简单的采用等压降设计，可能会出现阀间干扰，导致油井生产时工况不正常，或者油井设计布阀深度变浅，不能满足油井配产要求。

二是在大斜度井中井身轨迹多拐点，管柱紧贴套管壁，增大了管柱与管壁的摩擦系数，轴力传递效率低，管柱下入阻力大，增加了管柱起下阻力和风险。

三是气举管柱要求封隔器实现气密封，使用寿命 5 年后还能安全起出。

四是气举投捞在多拐点大斜度井中应用少，技术配套不完善。

2 技术对策与优化措施

为确保气举采油技术在南堡 1 – 3 人工岛大斜度井中的成功应用，本文从气举设计优化、井下管柱力学分析、完井管柱优化、完井工具和钢丝投捞工具研发等几个方面对大斜度井气举完井技术进行了研究，对现有气举设计方法进行了优化；设计了一种大斜度井气举完井管柱；通过建立的管柱力学模型，进行了管柱提升负荷预判研究，完成了气举完井管柱下入安全分析及研究；通过大斜度井完井管柱优化设计，研发了适合于大斜度井坐封的 Y455 – 115 液压封隔器、配套坐封工具及完井插管；同时研发了适合于大斜度井的钢丝投捞工具串，实现了大斜度井气举采油技术配套。

2.1 完井管柱类型选择

连续气举采油按照井下管柱设计的不同，分为开式、半闭式和闭式三种类型。油井的供液能力和管柱的安全性是选择装置类型的主要依据。开式管柱由于不带封隔器，完全靠液封，因此主要用于地层供液能力强的油井上。半闭式管柱是在开式管柱的结构上，在最末一级气举阀以下装有封隔器，将油管和套管空间分隔开。半闭式管柱虽然较开式管柱在成本上略高，但可以避免油井在生产过程中出现管脚注气、停井再次启动的卸荷过程以及注气压力对油层造成的回压等问题发生。闭式管柱是在半闭式管柱结构的基础上，在油管底部装有固定阀，其作用是在间歇气举时，阻止油管内的压力作用在地层上，一般应用在间歇气举井上。南堡 1 – 3 人工岛是一个新开发的砂岩、碳酸盐岩和火山岩溶解气驱油藏，油井产量中等，考虑油田开发产能下降等因素，选用半闭式气举生产管柱。

2.2 完井管柱设计

常规气举完井管柱由偏心工作筒 + 钢丝作业滑套 + 封隔器 + 坐放短节 + 喇叭口组成，如图 1 所示。

在大斜度井中管柱紧贴套管壁，增大了管柱与管壁的摩擦系数，轴力传递效率低，管柱下入阻力大。为了使管柱顺利下入，同时管柱能实现安全高效的气举功能，在进行大斜度井气举管柱设计时，在直井气举完井管柱的基础上进行了多方面的改进。首先将管脚喇叭口末端设计成斜坡面，引导管柱的下入，便于管柱在造斜段的顺利通过；其次，选用插管连接封隔器（Y455 封隔器），封隔器采用液压坐封工具坐封，插入配套密封插管完井。采用插入式管柱，下两趟管柱完井，严格控制气举工具的外形尺寸，降低了整趟管柱下入风险。最后在密封插管下部采用倒圆角设计，降低了与管壁的摩擦系数，改进后的气举完井管柱如图 2 所示。

2.2.1 管柱力学分析

大斜度井由于井斜角大，气举管柱在下入的过程中，工作载荷复杂多变，使管柱在一定的应力水平下变形，尤其是当井斜超过 30°时，井下工具会出现卡住的现象，将导致管柱破坏、封隔器失效等作业事故。进行管柱力学安全性分析，将为作业现场提供一定理论数据。

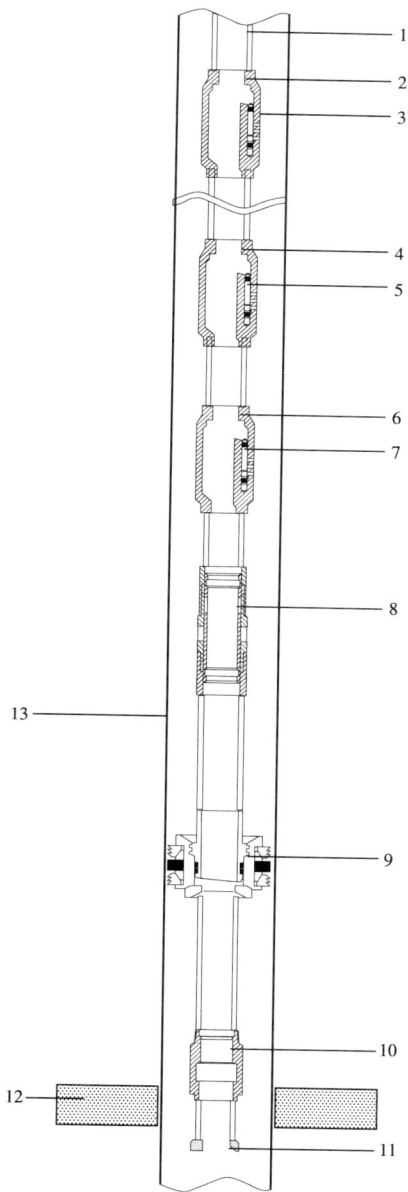

图 1　常规气举完井管柱示意图

1—油管；2、4、6—偏心工作筒；3、5、7—投捞式气举阀；8—钢丝作业滑套；9—封隔器；10—坐放短节；11—喇叭口；12—油层；13—套管

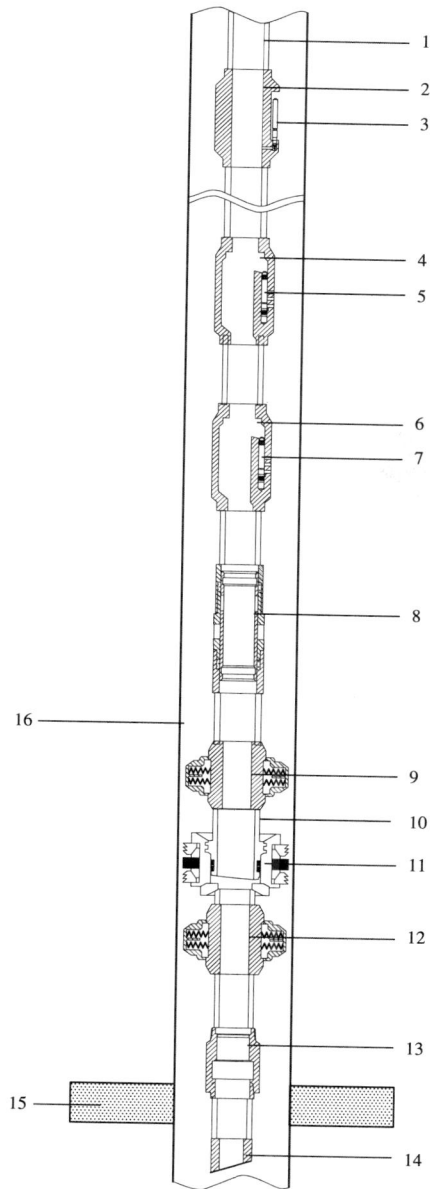

图 2　改进后气举完井管柱示意

1—油管；2—固定式工作筒；3—固定式气举阀；4、6—偏心工作筒；5、7—投捞式气举阀；8—钢丝作业滑套；9、12—滑块扶正器；10—密封插管；11—可钻可取式封隔器；13—坐放短节；14—喇叭口；15—油层；16—套管

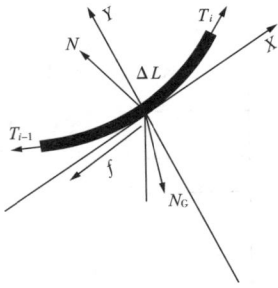

图 3 管柱研究段

假设：（1）计算的单元段的井眼曲率是常数；（2）管柱起下只要大钩的载荷变化杆柱就跟着变化，保证管柱稳定下入和起出；（3）忽略管柱起下瞬间量引起的截面剪切管内壁接触的时候忽略相互之间的刚度碰撞，即不记碰撞的能量损失；（4）在管柱与套管柱接触井壁的上侧或下侧，其曲率与井眼曲率相同；（5）计算的单元段认为具有相同的刚性变化。建立图 3 受力模型。

按受力平衡条件列方程，建立管柱该段管柱平面模型力学表达式（1）。

$$\begin{cases} \dfrac{\mathrm{d}F\ (\alpha)}{\mathrm{d}\ (\alpha)} = \pm\mu F\ (\alpha)\ \ +g\Delta L W_b R \times (\sin\alpha - \mu\cos\alpha) \\ N_R = gW_b\Delta L\cos\alpha - F\ (\alpha)\ /R \end{cases} \tag{1}$$

将理论分析的受力公式（1）进行微分叉乘积，加之投影到每一个方向上都有公式（2）。

$$\begin{cases} T - gW_b\Delta L\cos\theta + F_f = 0 \\ N - gW_b\Delta L\sin\theta = 0 \\ F = \mu N \end{cases} \tag{2}$$

通过 MATLAB/Simulink 对理论公式进行数学建模，并对冀东油田 NP13 – X1052 井进行验证计算，结果见表 1。可得管柱在下放、上提到不同深度，不同井斜角度时的大沟载荷。井斜角的变化对大钩的负荷影响很大，在上提和下方过程中油管的自重有的时候是阻力有的时候是动力，作业队现有修井机设备，可以满足施工的要求。

表 1 上提、下放大钩载荷

井深 （m）	井斜角 （°）	方位角 （°）	上提大钩载荷 （N）	下方大钩载荷 （kN）
330	2.1	216.72	36.16	34.38
600	21	216.72	67.22	54.52
1020	50.4	216.72	112.3	70.54
2400	50.64	216.72	200.32	157.39
2520	50.64	216.72	265.57	224.51
3570	49.8	216.72	274.85	228.83
3852	40.8	216.72	304.96	233.44

2.2.2 工具安全性分析

由于深井所处的工作环境的特点不同，管柱主要受到轴向力、油管跟随井眼的弯曲应力和各向压力产生的切向力。施工过程中对带气举工具管柱的起下校核，主要对气举工作筒在井底的工况进行校核。

（1）拉、压应力。

井底温度高、压力大、对作业设备和管柱的承压要求很高，保证工具顺利下入的条件是工具所受轴向载荷要保证工具不被拉伸或压缩：

$$\sigma_t = \frac{T_i}{A} \tag{3}$$

（2）弯曲应力。

工具处于弯曲段时应不发生弯曲变形，管柱通过弯曲段时可能在弯曲应力达到钢材的许用应力发生较大的屈曲变形，管柱产生较大的弯曲应力，有可能导致工具的破裂或永久性弯曲，管柱所受的轴向压力应控制在管柱临界屈曲载荷以下，这里要校核井眼产生的弯曲应力和油管弯曲产生的弯曲应力公式：

$$\sigma_b = Ek\Delta L$$

$$\sigma_{bc} = \frac{\Delta L \, r T_t}{2I} \tag{4}$$

$$I_P = \frac{\pi d_R^4 \, (1 - d_r^4)}{64}$$

（3）切向剪应力。

$$\tau_P = \frac{M_k \cdot r}{J_P}$$

$$J_P = \frac{\pi \, (d_R^4 - d_r^4)}{32} \tag{5}$$

利用 MATLAB/Simulink 模型及上述公式，即可完成不同井斜条件下管柱及工具的下入安全性分析，实现对管柱设计的技术指导。

2.3　气举采油配套工具研制

为减少油井修井作业次数，实现3~5年不动管柱，提高油井生产时效，选用可投捞式气举完井工具，同时研发了可取可钻的Y455封隔器及配套坐封工具、完井插管和高冲力整装投捞工具串。

2.3.1　气举阀优选与工艺设计优化

对连续气举而言，注气压力操作气举阀和油压操作气举阀均能满足要求。注气压力操作阀的特点是靠注气压力打开和关闭，阀的工作稳定性好，可以从地面的注气压力观察出是哪一级阀在工作。油压操作气举阀主要靠油压来控制气举阀的打开和关闭，根据油压的大小自行调节注气量，如果油井供液不足或设计状况与实际生产状况有一定差异时易造成间歇生产。在相同的设计参数下，要达到相同深度的注入点，使用油压阀要比使用套压阀多布置2~3级阀。因此，优选注气压力操作阀。

采用注气压力操作阀气举在设计时，根据对油压效应处理的方式不同，又分为等压降设计法和变压降设计法，在大斜度井气举设计中，若简单的采用等压降设计，一是可能出现阀间干扰，油井工况不正常，二是油井布阀深度变浅，达不到油井配产要求。变压降设计能很好地消除阀间干扰，提高油井工况正常率和高压工艺气的利用率，增加注气深度，提高油井举升效率。因此，在大斜度井气举设计中采用提高阀间抗干扰的安全系数变压降设计方法。

2.3.2 Y455-115 封隔器的研制

直井气举采油封隔器大多采用 Y211 机械坐封式封隔器，但是对于大斜度井由于井斜的因素限制了该封隔器的坐封。针对这一现状，研发了 Y455 可钻可取式封隔器。该封隔器直接与油管柱连接，按设计要求下到位，可用液压坐封工具坐封，也可通过电缆坐封，然后插入配套密封插管，实现封隔油套环空的目的，示意图见图 4。

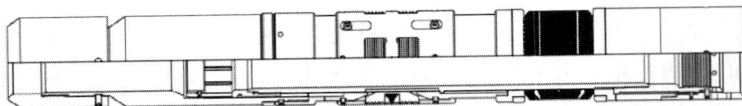

图 4　Y455 封隔器结构示意

常规丢手封隔器采用剪钉或释放环同时实现连接和脱手功能，这样就会出现在下井途中或是坐封过程中出现丢手的可能性，无法保证封隔器的安全座封。Y455-115 封隔器的密封插管（结构示意图见图 5）采用卡瓦连接，能有效避免出现中途丢手的现象。其丢手过程如下：先投球打压剪钉被剪断，锁块缩回，卡瓦在拉力作用下向下移动，下放插管，卡瓦相对向上移动，上提插管，卡瓦收缩，限位环下移，卡瓦失去支撑脱手。保证封隔器的安全坐封和丢手。

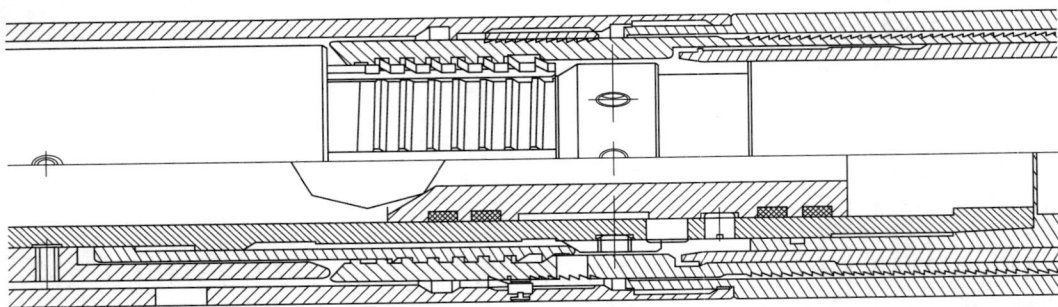

图 5　Y455 封隔器插管丢手

2.3.3 强冲力钢丝投捞工具串的研制

大斜度井由于井斜大，工具串下井困难，且在投捞过程中，震击力传递有限，通过研究开发了一套高冲力投捞工具串（图 6），在钢丝投捞工具串上安装多个滑轮扶正器，降低工具串与井壁摩阻，滑轮扶正，滚球灵活，摩擦力小，对油管无损伤；同时采用液压上震击器和管式震击器配合使用，加大震击力，降低工具串中途遇卡的风险；另外工具串整体长度缩短，保证顺利通过造斜段。

图 6　高冲力投捞工具

3　应用效果

南堡 1-3 人工岛油田 2009 年 9 月正式投入开发，截至 2011 年 6 月，已建成 63 口井的气举采油规模，现场应用 93 井次。气举井平均日产油 895t/d，单井平均产油最高达到 24.3t/d，建成产能 $32 \times 10^4 t/a$。

4 结论与认识

（1）气举采油投产，油井实现了快速排液、卸荷、启动，大大缩短了油井启动时间，满足了油井快速建产的需要，提高油井的生产时效。

（2）形成了一套适合于大斜度井气举采油的工艺方法，配套形成了大斜度井气举采油管柱、工艺设计方法和完井工具等。完善和发展了气举采油技术，填补了国内气举技术空白。

（3）在南堡1-3人工岛现场应用93井次，气举设计符合率92%，管柱成功率97%，气举投产成功率100%。在国内首次实现大斜度井、水平井气举采油，为采用斜井、大斜度井集中开发的油田提供了一种高效、低成本人工举升方式，对南堡1-3人工岛油田气举开发具有很好的现实意义。

参 考 文 献

[1] 万仁浦. 采油工程技术手册（上册）［M］. 北京：石油工业出版社，2000
[2] 贺志刚，付建红，施太和，蒋世全，姜伟. 大位移井磨阻扭矩力学模型［J］. 天然气工业—钻井工程，2001
[3] 张系斌，张柏年. 气举管柱的受力分析［J］. 石油机械，1995
[4] 李子丰. 油气井杆管柱力学及应用［M］. 北京：石油工业出版社，2007
[5] 王祖文，朱炳坤，窦益华. 定向井降斜井段中管柱的屈曲分析［J］. 钻采工艺，2007
[6] 吴奇. 井下作业工程师手册［M］. 北京：石油工业出版社，2002
[7] 完全手册 MATLAB 使用详解［M］. 北京：电子工业出版社，2009

气举管柱气蚀与防治研究

陈宗林　黄学宾　李小奇

（中原油田采油一厂）

摘　要： 针对中原油田气举井流速高腐蚀严重的生产难点，自行研制实验设备，分别模拟了不同温度、压力条件下各种流体条件下的多组气蚀实验，并借助 X - 衍射分析、扫描电镜能谱分析等分析方法对气举井油管腐蚀沟槽的形成原因及特点进行了分析对比，得出了气液两相流状态下石油管材的腐蚀规律。结果表明，两相流状态的冲蚀磨损主要是以剥落机制为主，通过基体表面的片层剥落进，进而形成腐蚀坑。腐蚀速率随着冲击速度的增大而增大，在压力为 0.1MPa 附近达到最大值，腐蚀形貌也最明显，其后又逐渐减小。在试验温度下，速率随着温度升高增大。本实验为气举开发油气田的管柱冲蚀腐蚀与防护工作提供理论及实验依据。

关键词： 气举　管柱　气蚀　实验

中原油田气举工艺始于 1989 年，目前有气举井 145 口，年采液为 125×10^4t，年产油为 30.6×10^4t，综合含水 75 %，井筒油套管 804.6km。注入介质为天然气，当压缩机把天然气注入井中超过一定压力时，油水就会从油管中上升，进而被传送到地面。气举井自投产以来，腐蚀非常严重，腐蚀速率为 0.53 ~ 0.87mm/a，油管使用周期仅 372d，直接经济损失每年在千万元以上，严重制约了油田气举工艺的生产和经济效益的提高。

据统计，国内油气田存在严重的腐蚀，腐蚀穿孔井段集中在 400 ~ 1750m，油、套管均以内腐蚀为主，腐蚀孔以不规则圆孔为主，多处存在内蚀坑及沟、槽，接箍腐蚀也非常严重。此外，我国许多油田的油气层中都普遍含水量较高，气举过程中，气、水、烃等多相流体共存是其介质环境的显著特征，多相流冲刷腐蚀是石油管材腐蚀的重要类型之一。特别是随着油气田开发过程含水率的增大，致使油水两相流由油包水流型转变为水包油流型，水体介质直接与金属体接触，在水中含有 H_2S、CO_2 等腐蚀性气体的条件下，如果不采取适当的防护措施，将会加速管材中铁质的化学腐蚀。多相流体冲刷管道内壁可对腐蚀产物膜的保护性作用起负面影响，从而加速管壁腐蚀速度。

1　实验样品

（1）实验采用 J55 油管，将油管沿圆周做 1/4 线切割，长 60mm，将试样不被冲蚀部分涂上氟碳树脂以防破坏。

（2）实验采用了 5 种冲蚀介质：自来水、3.5% NaCl 溶液、5% HCl 溶液、地下水（成分见表 1）。

表1　地下水成分（mg/L）

Na$^+$—K$^+$	Mg^{2+}	Ca^{2+}	Cl$^-$	SO$_4^{2-}$	HCO$_3^-$	矿化度
45328.55	972.48	7414.8	78103.44	1922.4	272.41	130014.08

2　实验装置

实验装置见图1。其喷嘴口径为 0.5mm，距试样距离为 10mm，冲蚀角度为 90℃。热电偶和喷嘴涂上氟碳树脂层。夹具的材料与试样相同，在内壁上开有 1 个容得下试样的（1/4 圆周宽）槽，以便试样的嵌入，为防止夹具与液体介质反应，先将夹具进行喷砂处理，再涂上氟碳树脂涂层。

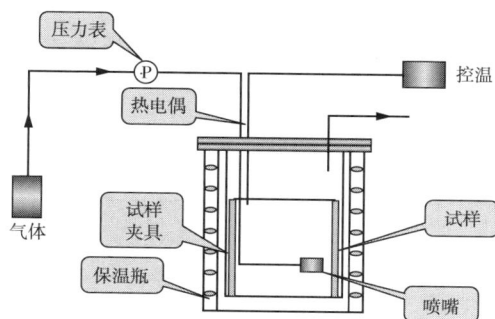

图 1　试验装置图

3　测量与分析方法

（1）腐蚀速率。由于试样过大，不宜采用失重法测量冲蚀磨损的腐蚀速率，故采用单位时间内冲蚀最大深度的表示方法[1]，即：

$$V = 冲蚀坑的最大深度 / 冲蚀时间$$

（2）扫描电镜分析。观察材料腐蚀部位，通过形貌分析，研究冲蚀机理。

（3）XRD 分析。XRD 分析材料冲蚀部位，探讨材料腐蚀部位的成分。

4　影响气蚀因素分析

（1）温度。实验分别模拟了 3.5% NaCl 溶液和地层水环境下温度在 60℃，90℃下的冲蚀速率（测试时间 48 小时），实验结果见图2。当气体压力，冲蚀介质一定时，随温度增加油管钢材料的腐蚀速率呈递增的趋势。

（2）压力。实验模拟 3.5% NaCl 溶液环境 60℃ 下的冲蚀速率，如图3所示。室内试验发现，压力对腐蚀速率的影响并不是递增趋势，而是出现一个峰值。这是由于随着压力的增大，腐蚀动量也增大作用在试样上的力也增大，增加了腐蚀效果。同时试验在液，气两相流中进行，介质溶液的腐蚀也不能忽略，当压力过大时，介质溶液的腐蚀不够充分，所形成的腐蚀仅仅是气体的冲击的机械作用，从而降低了腐蚀速率[2]。

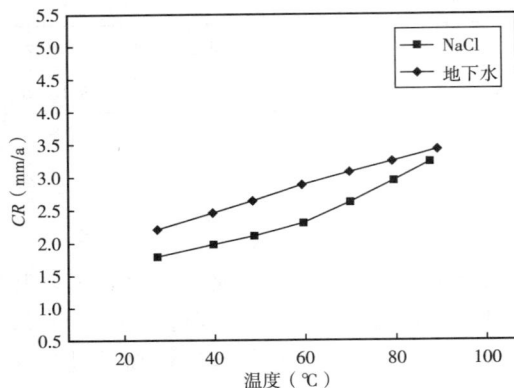

图 2　腐蚀速率随温度的变化趋势

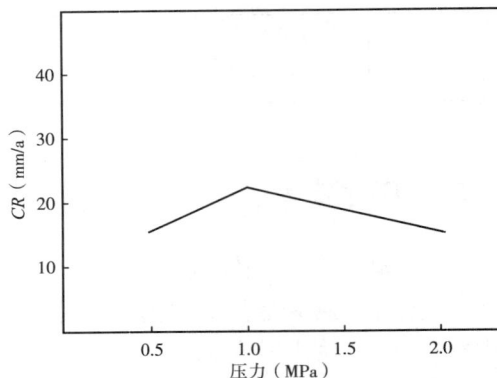

图 3　腐蚀速率随压力变化趋势

（3）液体介质。试验证明，气液两相流的腐蚀速率与液体介质与试样表面的反应程度有关，介质与 J-55 钢的腐蚀反应存在氧化还原，电化学方面的反应，pH 值以及介质中的粒子浓度对腐蚀速率有直接的影响。

表 2　不同液体介质下的冲刷—腐蚀速率

试样	温度（℃）	压力（MPa）	介质	时间（h）	坑深（μm）	速率（mm/a）
1	室温	0.1	自来水	120	8.42	<0.6
9	60	0.1	地下水	30	9.84	2.873
5	60	0.1	3.5% NaCl	48	11.24	2.051
2	室温	0.1	5% 盐酸	26	10.80	3.638

①自来水。主要是溶解在水中的氧与金属发生的氧化反应，但是由于水中氧的溶解度有限，所以化学反应速率不高，机械冲刷作用的效果更大一些。

实验参数：0.1MPa，室温，冲蚀周期：120h。

由图 4 和图 5 可知 J-55 油井管内壁出现冲蚀斑痕，管内壁未被冲蚀的部分无冲蚀磨损迹象，无明显腐蚀产物堆积。主要表现冲蚀部位分布许多冲蚀麻点和痕迹，由高倍数的形貌照片可明显的见到腐蚀坑，而且在冲蚀点附近出现很大的坑洞，可判断为局部腐蚀类型。

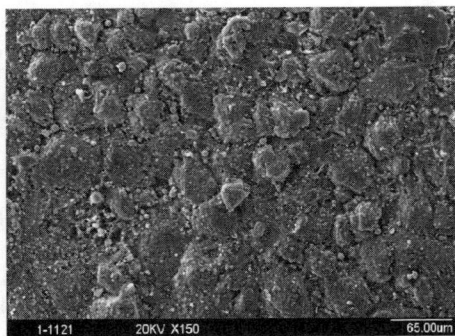

图 4　冲蚀斑痕

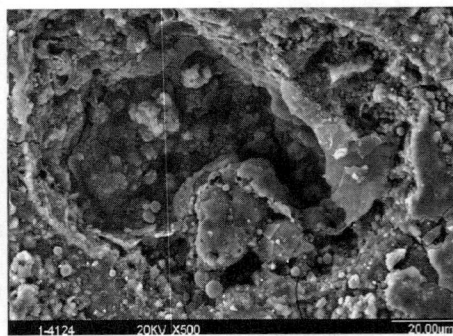

图 5　油管冲蚀坑

②3.5% NaCl 溶液成中性，但是由于溶液中存在一定量 Cl^-，与溶解在水中的 O_2 产生如下反应：$2Cl^- + O_2 \rightarrow 2ClO^-$，降低了溶液的 pH 值，增加了溶液的氧化性，使化学反应部分

的速度加快，从而加快了腐蚀速率。

实验参数：0.1 MPa，室温，冲蚀周期：48h。

冲蚀试样表面呈现片层剥落的迹象，且伴有点蚀坑，蚀坑边缘锐利界面清晰，坑附近存在大量裂纹，这是由冲击造成了应力集中从而在剥落附近产生了裂纹，剥落后继续冲蚀造成点蚀坑。

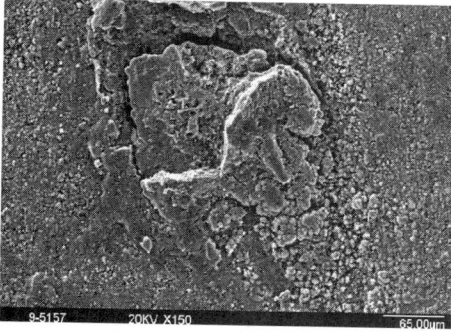

图6　基体片层剥落

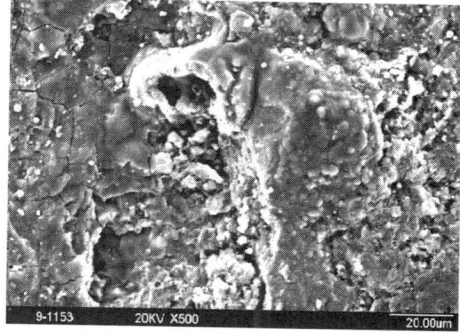

图7　冲蚀坑与裂纹

③5%HCl 溶液 pH 值 <1，H + 参与反应，既，$H^+ + Fe \rightarrow Fe^{2+}$ 由氧化还原理论可知，H + 浓度越高，反应速度越快。

实验参数：0.1MPa，室温，冲蚀周期：26h。

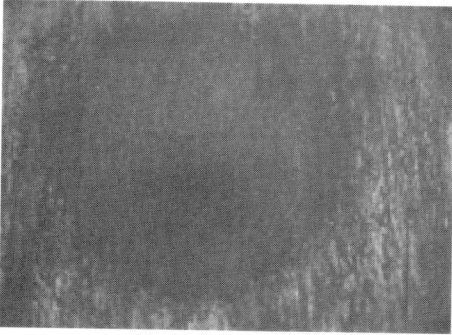

图8　冲蚀瘢痕

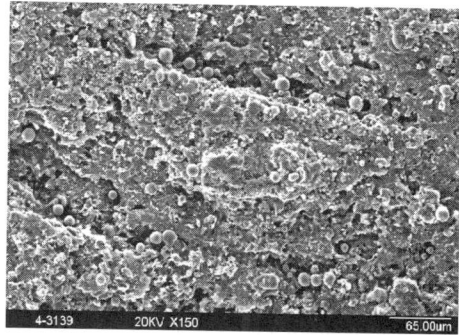

图9　槽痕状冲蚀坑

管壁出现了严重的冲蚀斑痕，冲蚀坑迹象明显，冲蚀点附近出现很多槽状冲蚀斑痕，蚀槽边缘界面清晰，垂直的角度深入管壁内部似有酸溶失特征。

实验参数2：0.2 MPa，60℃，冲蚀周期：48h。

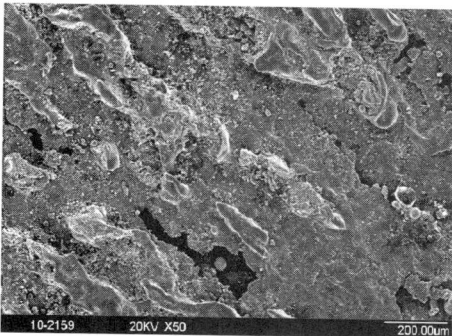

图10　带状冲蚀槽

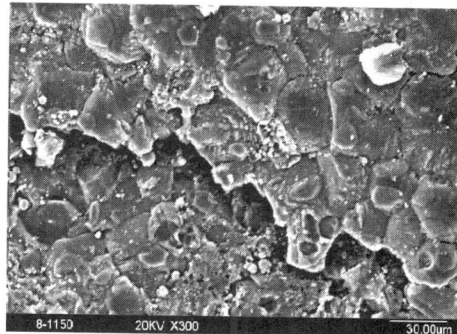

图11　层片剥落的边缘

提高压力，试样的冲蚀形貌与图9、图10类似，试样表面出现大量的槽状的腐蚀痕迹，但是相同倍数的SEM照片下，槽痕较窄，较浅。而在高压力下试样表面存在片层的突起边缘，可以推断槽痕的产生同样存在试样表面剥落的因素。

④ 油田地下水pH值约在5～6之间，呈弱酸性，且溶液中粒子浓度高，存在复杂的化学反应，腐蚀速率较高。

实验参数：0.1 MPa，90℃，冲蚀周期：30h。

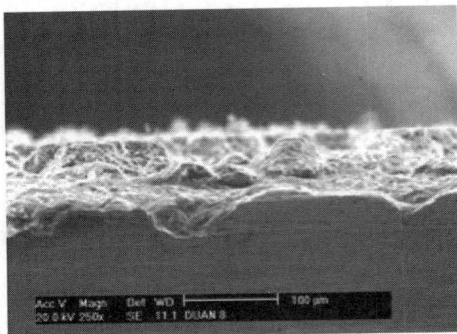

图12　冲蚀坑断面

图13　试样表面塌陷

实验参数2：0.1MPa，60℃，冲蚀周期：30h。

以上两种试验条件下油管试样表面均产生冲蚀坑，90℃下形貌更明显，SEM分析结果，表面出现点蚀坑群。冲蚀坑表面凹凸不平，呈大面积塌陷浅坑状。在油管上取样进行扫描电镜观察，如图14和图15所示。金属表面确实存在很多已经发展的点蚀坑，坑周围存在明显裂纹。冲蚀点附近凹凸不平，且坑内壁较平滑，可以推断是由于油田地下水中存在了大量的粒子，与冲击气流共同作用的试样表面的结果。

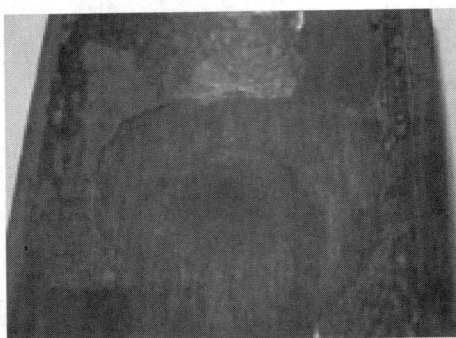

图14　冲蚀坑宏观形貌

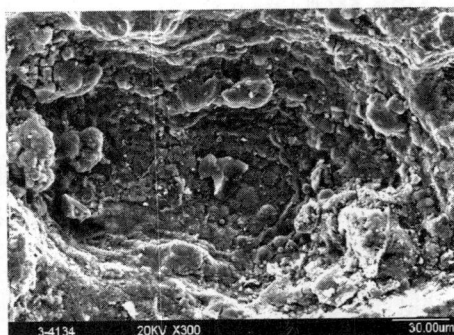

图15　冲蚀坑微观形貌

5　冲蚀产物的成分分析

图16和图17分别表示了基体和冲蚀坑边缘的元素成分。由图可知，腐蚀产物的成分特征有变化，证明冲蚀中不只有气流的机械冲刷作用，在地下水中的冲蚀试样边缘，Cl^-的含量很高，出现了堆积现象。这是由于降低试样表面钝化膜形成的可能性或加速试样表面钝化

膜的破坏，从而促进局部腐蚀损伤；另一方面 Cl^- 离子的加入使得 CO_2 在水溶液中的溶解度降低，因而有缓解碳钢腐蚀的作用。与理论上 Cl^- 离子的作用完全吻合[3]。

腐蚀坑边缘腐蚀产物膜比较完整处 S 元素含量也很高，可达 3.49%（质量百分数），表明 S 元素对基体的腐蚀剥落也产生了作用，加上溶解在水中的 H^+，则该条件应存在 H_2S 腐蚀[4]，生成的腐蚀产物主要为铁的硫化物。

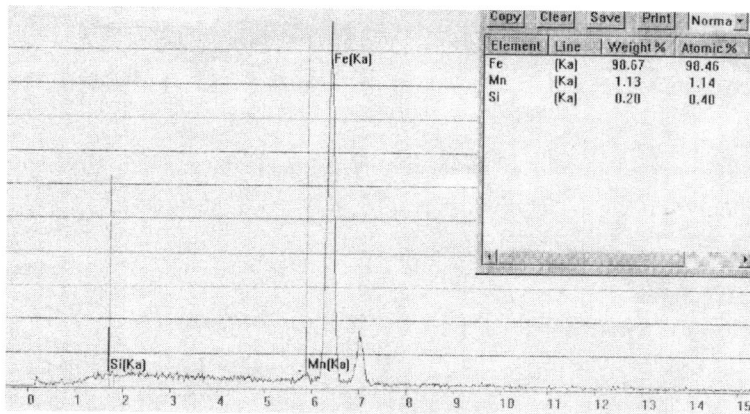

图 16　J55 钢基体成分元素分析

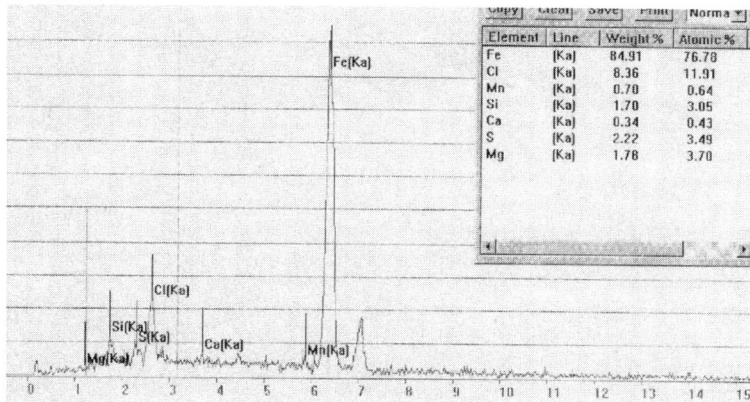

图 17　J55 钢冲蚀坑边缘元素分析（地下水）

6　结论

本文在气液两相流作用的基础上，对管材钢 J55 做了多组冲蚀实验。分别模拟了不同温度、压力、介质环境下 J55 钢腐蚀速率，并对腐蚀产物膜形貌、结构组成进行了深入分析，得出了以下主要认识。

（1）冲刷—腐蚀的腐蚀速率随温度增加呈现上升趋势，且高温下冲蚀作用明显，长时间下会出现明显的点蚀坑。

（2）气液两相流冲蚀，是两种相态相互作，单纯提高冲击压力，起初会增加腐蚀速率，达到峰值后，腐蚀速率降低，最佳冲蚀压力在 0.1MPa 左右。

（3）液体介质的 pH 值对冲刷—腐蚀速率影响显著，随着 pH 降低，腐蚀速率增加。溶液的腐蚀能力制约着化学反应的速率，同样制约了冲刷腐蚀的速率。

（4）由试验得出的机理并非单一的气体冲击的机械作用，而是溶液中试样先腐蚀，然后，由于气体的冲击作用，使腐蚀产物层层剥落，最后形成腐蚀坑或是放射状的腐蚀形貌。

参 考 文 献

［1］黄淑菊．金属腐蚀与防护．西安：西安交通大学出版社，1987

［2］吕宇玲，王鸿膺．气液两相流气液量与流型转变的研究［J］．油气田地面工程，2006

［3］余敦义，彭芳名．中原油田文 10－1 井套管腐蚀原因［J］．中国腐蚀与防护学报，1996，16（1）：64～68

［4］Nyborg R. Initiation and growth of mesa corrosion attack during CO_2 Corrosion of carbon steel ［A］. corrosion 1998 ［C］. Houston：NACE，1998

气举投产实时诊断技术在 NP13 – X1116 井的应用

唐安达

（吐哈油田工程技术研究院　新疆鄯善　838202）

摘　要： 为了实现南堡油田 1 – 3 人工岛气举采油系统高度自动化，加强气举井投产期间数据录取及气举阀工作状态诊断，吐哈气举技术中心研制了一套气举井实时诊断系统。该系统通过连续采集油井油、套压参数对油井卸荷情况进行分析，模拟得出气举井的卸荷情况，供现场生产人员掌握油井的实际生产动态，提高油井管理水平。该项技术安装操作简易，数据传输及时真实，数据分析解释可靠，在冀东油田 1 – 3 人工岛 NP13 – X1116 井试验取得成功，同时进行了进一步的推广应用。

关键词： 气举　投产　实时　诊断技术

南堡 1 – 3 人工岛可动用地质储量 $1100 \times 10^4 t$，计划部署开发井 86 口，其中气举井 53 口，水井 33 口，年产油量 $20 \times 10^4 t$。该岛开发情况特殊，钻井与采油同步进行，现场基础条件不够完善。传统的气举井投产时，在井口必须安装油套压双笔记录仪，通过检查记录，人工判断井下气举阀工作情况，在时间上它是一种事后诊断。另外实际生产中，气举井投产或增产措施后进行气举时，往往地面井场条件复杂，很难具备安装油套压双笔记录仪的条件，造成油井排液全过程数据记录困难，只能根据压力表简单判断基本工况，不能准确对气举投产的关键环节进行数字分析，不能准确识别每级气举阀的工作状态。

针对这种状况，吐哈气举技术中心 2009 年 9 月开始立项，开展了气举井投产实时诊断技术开发与应用研究，成功解决了气举井与气举排液井生产状况实时监测的难题，建立了气举井自动化管理平台，实现了数据的无线传输和对井下气举阀工作状态的准确判断。

1　气举投产实时诊断系统研究

气举井投产实时诊断系统是以现有应用普遍的 GPRS 通信技术为核心，具有不需要架设通信线路、组网灵活方便、覆盖面广等独特的优势，配有多参数变送器，可应用于气举井投产全过程，尤其在不便于电缆敷设、监控点太过分散、远距离传输等区块具有其独特的优势。应用广泛的 GPRS 网络覆盖进行数据传输，系统通信稳定可靠、架设简单。该系统将气举投产时油套压等数据远传到监控中心，然后将这些采集到的数据进行绘图，并通过调用气举阀工况诊断模块，得出投产过程时井下气举阀实时工作状况，从而指导气举投产。

1.1　关键技术

（1）数据采集、存储、远传系统的集成；

（2）气举投产实时诊断模块开发。

1.2 现场数据的采集、存储和传输系统

现场数据的采集、传输和处理系统采用无线网络构成，其主要结构包括压力变送器、PC 机、上位机软件等。系统组成示意图如图 1 所示。

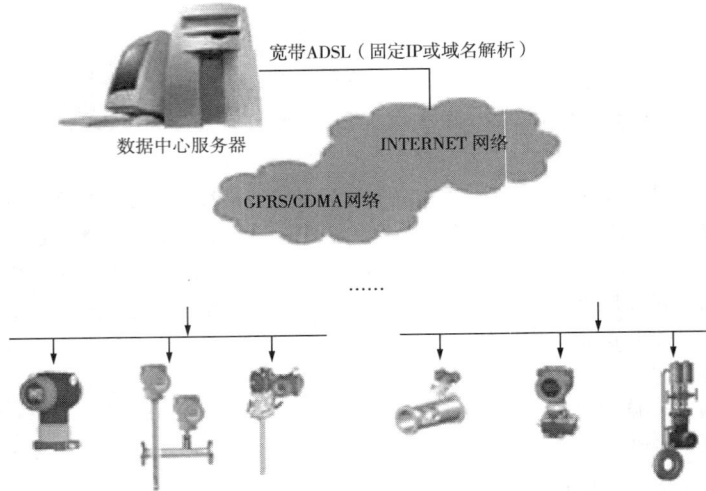

图 1 气举诊断平台网络图

1.2.1 压力变送器

压力变送器（图 2）是整个硬件方面的核心设备，主要用于进行数据的采集、传输和存储等，采用太阳能电池板和锂电池自动切换供电。当太阳能电量不足时，内置锂电池可提供 7~10d 的持续供电。该装置具有安装、拆卸简单，使用方便等特点。

图 2 压力变送器

（1）工作原理。现场监控点通过多参数压力变送器自动采集压力、温度等数据，通过 RS232 或 RS485 接口与 GPRS RTU 无线传输模块相连，多参数压力变送器采集到的数据通过 GPRS RTU 无线传输模块终端的内置嵌入式处理器对数据进行处理、协议封装后发送到 GPRS 无线网络。采集的数据经 GPRS 网络空中接口功能模块同时对数据进行解码处理，转换成在公网数据传送的格式，通过 GPRS 无线数据网络进行传输，最终传送到监控中心 IP 地址。

（2）技术参数。

压力等级：压差为 16MPa，压力极限为 2 倍满量程；

使用温度：-40~85℃；

材质：316L 不锈钢，哈氏合金可选；

外壳防护等级：IP67；

精度：标准 0.075%；

连接方式：1/2 NPT 扣；

（3）主要功能。

测控终端现场采集管网参数压力、温度等数据；

测控终端主动定时上报现场数据，随时上报状态变化信息和报警信息；

测控终端可显示、存储、查询历史数据，可修改工作参数；

测控终端支持远程参数设置。

1.2.2 上位机软件

（1）工作原理。在调度控制中心安装远程 GPRS 数据接入服务器、数据库服务器、WEB 数据发布服务器各一台。并利用现有的办公局域网、INTERNET 环境形成一套综合数据业务平台。主要用于接收压力变送器发送的数据，实时画面监测，数据存储，绘制对应曲线，并对数据进行分析，其工作原理如图 3 所示。

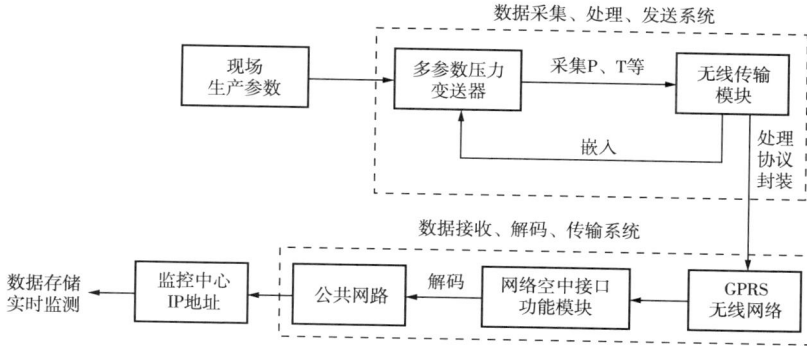

图 3　上位机软件工作原理图

（2）功能特点。

软件具有强大的数据库支持和存储能力：系统支持 SQL Server 和其他可以通过 ODBC 接口进行访问的数据库系统，见图 4。

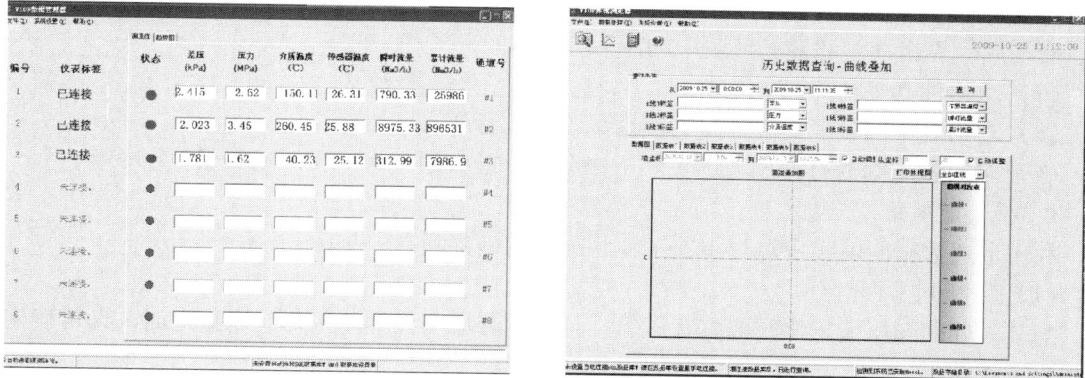

图 4　数据实时录取界面

数据采集和信息查询功能：该项功能是整个系统的核心功能之一，直接决定着监测中心是否能够实时准确地掌握用户计量点的实时用量。

计量数据遥测功能：数据上报体制采用自报和遥测相结合的体制，以自动上报为主，用户也可以在有权的情况下对任何一个或多个计量点主动遥测。

查看在线监测点：在查看在线中可以看到所有在线的监测点，用户可对所有在线监测点进行监测。

1.3 气举投产实时诊断技术研究

气举投产构造诊断系统的核心问题是建立一个合适而有效的诊断模型，目前常规的气举工况诊断有测试法和计算分析法，实验方法要求进行井下压力、温度测试。这些工作不仅费时费力，而且有时由于种种原因，难于对气举井进行大面积的经常定期测试，甚至有些井由于事先没有做好测井准备工作，根本就难于进行测试。本文采用计算分析方法，利用系统实时录取的油井数据精确模拟分析井下气举阀的工作状态。

1.3.1 模型的基本知识点

气举井实时诊断技术的计算分析所依据的数据包括油井所采用的气举阀参数、井身结构，以及地面实时测取的产液量、注气量、井口油压、井口套压等。具体方法过程如下。

（1）确定油套压力平衡点：从地面实测的油压、套压和注气量、产液量等参数，用选定的多相流压力、温度算法和环空压力分布计算方法，求解油套压力平衡点。

（2）工作条件下，阀打开压力的确定。

（3）计算阀实际工作套压：阀打开压力，是在阀即将打开的瞬间，根据力的平衡关系导出的。当套压达到阀打开压力时，即可打开阀。考虑气举阀过流面积是变化的，随着作用的套压不同，阀杆行程不同，阀的有效过流面积不同。阀实际工作套压，即是指阀的有效面积足以使实际注入气流通过时所对应的套压。

（4）计算气举阀阀孔通气量：根据阀在当前温度、压力条件下的过流面积，求出阀的实际通气量。

（5）根据计算结果，分析气举井工况。

1.3.2 模型求解

由上所述，气举工况诊断的步骤可以简化如下。

（1）用选定的多相流压力、温度算法及环空气柱压力分布计算方法，从实测的井口油压、套压起，算出油管和油套环空中的压力分布。

（2）求出油套平衡点。

（3）求出各个阀处及封隔器处的温度，油压，套压。

（4）求出各个阀的打开压力、实际工作套压、最大通气量、实际通气量。

1.3.3 模型结果分析

利用上述数据能够实现对气举井工作状况的准确判断。

（1）判断阀是否打开。

当某阀处的套压大于该阀的打开压力，且地面套压与该阀的工作套压接近时，即可确定该阀为工作阀。

（2）判断油套窜通位置。

进气位置应该是在油套平衡点以上的位置，确切位置应根据与阀的间距、附近阀打开的可能性，以及管柱结构等进行综合判断。当与阀的间距较大，或附近的阀明显地打不开的情况下，可以考虑为此处油套窜通，但在附近有阀的情况下，应该首先考虑是阀进气。

（3）计算认为某一阀不能打开，但与该阀的间距很小时，可考虑为该阀因故障而不能关闭或不密封。

（4）当有几个阀能打开，能打开的阀的总的通气量与实际注入的气量相近时，即可认为是多点注气。

（5）当阀能打开，但阀的最大通气量都比实际注入的气量还小时，可认为是该阀孔眼被刺大，或阀密封不严。

2 现场应用及效果分析

至今在冀东油田 1－3 人工岛现场应用 31 井次，现场实施成功率 100%，数据实时监测率 100%，自动诊断成功率 98%，整个气举投产过程实现了数据的远程传输、实时监测和故障诊断，数据传输及时、准确、完整，诊断结果准确、可靠。

2009 年 11 月 21 日，气举诊断技术在 NPX13－1116 井进行了现场试验。气举投产过程油套压记录如图 5 所示。

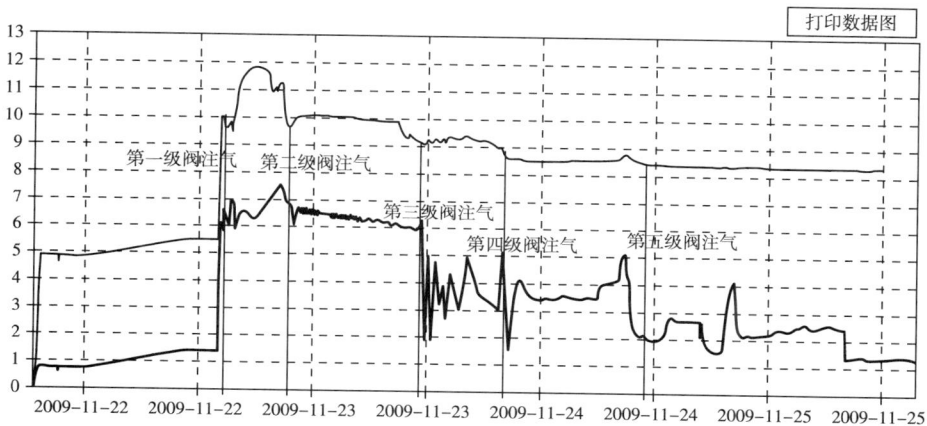

图 5　NP13－X1116 井气举投产油套压实时曲线图

11 月 22 日 14：30 第一级气举阀开始注气，此时，套压 10.0MPa，油压 6.0MPa。21：30 第二级气举阀开始注气，套压 9.6MPa，油压 6.9MPa。23 日 11：10，第三级气举阀开始注气，套压 9.1MPa，油压 6.0MPa。20：00 第四级气举阀开始注气，套压 8.7MPa，油压 5.0MPa。24 日 11：00，第五级阀开始注气，套压 8.4MPa，油压 2.0MPa。此后套压稳定，气举投产过程结束，油井进入稳定生产阶段。

使用气举投产实时诊断技术后，油井整个气举卸荷过程判断清晰，与设计结果吻合，实现了对油井生产动态的实时跟踪。

3 结论与建议

（1）气举投产实时诊断系统能进行数据的采集、及时传送、实时监测，数据采集准确、传送完整；

（2）气举投产实时诊断系统能对接收到的数据进行处理、分析，绘制图形，实时判断气举阀井下工作状况；

（3）实现了气举投产自动化管理，在整个气举投产过程中，无需人工巡井和记录、分析数据，实现油井自动化管理；

（4）可建立全球在线气举故障诊断平台，该系统是建立全球在线气举故障诊断平台的基础。

参 考 文 献

[1] 晁阳，熊静琪，吴文杰．网络化远程测控技术研究．中国测试技术．2004 第 5 期
[2] 万仁溥主编．采油工程手册．北京：石油工业出版社，2009

橇装式气举采油配气装置研制与应用

李小奇　金文刚　谢　辉　惠　朋

（中原油田分公司采油一厂）

摘　要：针对气举采油注配气系统工艺要求，研制了橇装式气举采油配气装置，并开发了配套的气举采油专家管理系统，具有注气参数采集处理、实时动态监控、气举井生产参数调节、注气量精确控制、气举井工况诊断和生产异常逻辑保护等一体化功能，实现了气举井生产管理、工况诊断、优化控制的一体化。

关键词：气举采油　配气　橇装式　管理系统

1　气举采油配气装置的组成与功能

气举采油是将地面压缩机提供的高压天然气注入井中，从而降低液柱密度，减小井筒回压，使油井恢复自喷。其生产过程主要是依靠高压气提供的能量来完成，所以地面压缩机组、地面配气管网及油井配气决定了高压气能量的利用率和举升效率。气举采油地面工艺流程包括：井口装置、地面出油管线、分离和计量装置、储油罐、天然气压缩机、压缩机出口管线、注配气系统、供气管线。工艺流程如下图1所示。

对于气举井注入气的控制与计量调节，常规方法是角阀手动完成或恒气量气嘴控制方式，存在着注气计量不准确、无法实现系统管理、易造成系统波动等问题，使气举井在注气方式、气量优化方面的优势得不到发挥，严重制约了气举举升效率的提高。

气举采油配气装置主要用于对气举井的注气量进行精确分配，通过其采集、诊断系统调整注气量使气举井达到最高举升效率。气举采油配气装置常规制式为8－10井式，可根据油田实际需要进行扩展或压缩，并能适应注入气为高压干气或湿气的条件。

气举采油配气装置的控制、诊断系统采用有线传输或无线远传方式，将注气量、注气压力、控制阀、调节阀等参数采集到中心控制系统，对气举井的生产进行数字化调控。在安全控制系统上采用高危及防爆系统预案方式，在压力波动异常、气体泄漏、火灾等非正常情况下报警并自动关停单井或气举采油配气装置，实现对气举采油配气装置的多级逻辑保护功能。

气举采油配气装置由两个基本部分组成：配气系统（单井注气量分配、计量、控制）、生产管理控制系统。对有特殊要求的地区（有防腐加药等需求）可增加化学药剂加注系统，三个组成部分可独立成橇。

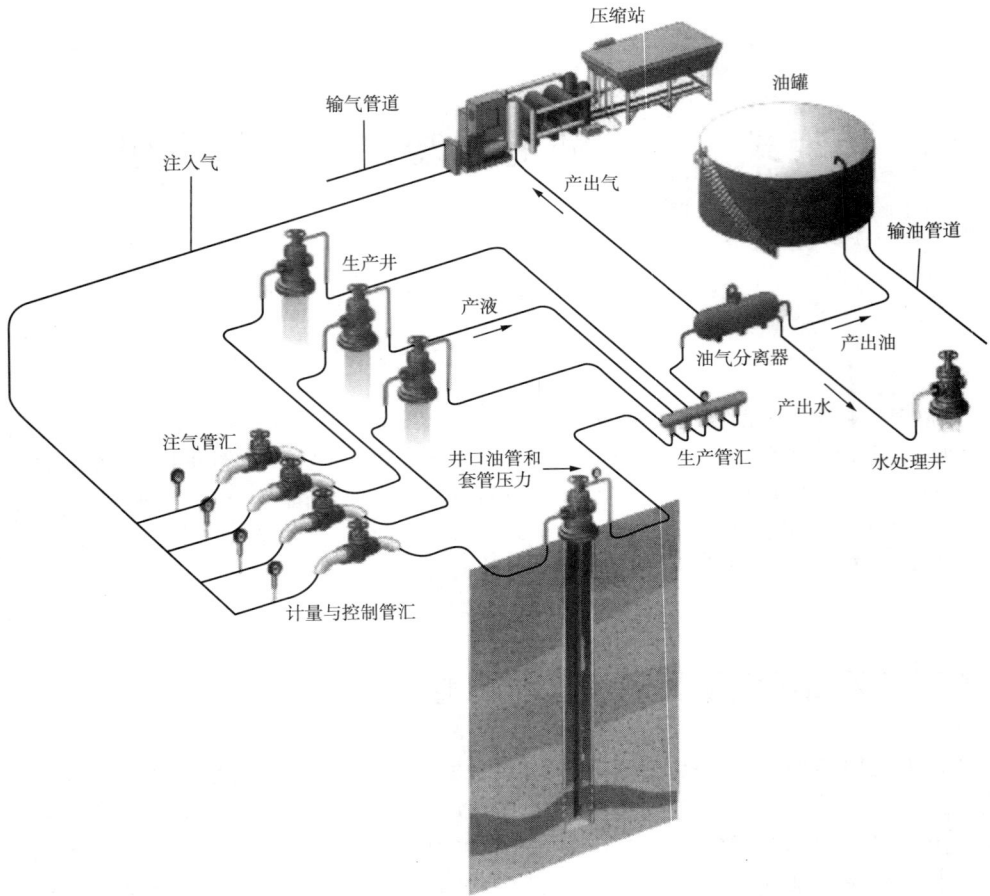

图 1　气举采油地面工艺流程

2　橇装式气举采油配气装置工艺设计

针对油田气举采油工艺要求，在深入技术调研基础上，设计了气举采油注配气系统，包括橇装式气举采油配气装置和配套开发的气举采油专家管理系统，具有注气参数采集处理、实时动态监控、气举井生产参数调节、注气量精确控制、气举井工况诊断和生产异常逻辑保护等功能，实现了气举井生产管理、工况诊断、优化控制的一体化。

2.1　橇装式气举采油配气装置

采用带防爆接线箱的橇装式气举采油配气装置，并能适应注入气为高压湿气的配气条件。并可分别采用单组 10 井制式和双组 10 井制式。

气举采油配气装置的控制系统采用有线传输方式，将注气量、注气压力、控制阀、调节阀等参数采集到单站防爆接线箱，并集送至中心控制系统，对气举采油井的生产过程进行数字化调控。

安全控制系统采用高危及防爆系统预案方式，在压力波动异常、气体泄漏、火灾等非正常情况下报警并自动关停单井或气举采油配气装置，实现对气举采油配气装置的多级逻辑保护功能。

2.1.1 配气系统工艺流程

配气系统是对从压缩机过来的高压天然气进行合理地分配到各个气举井，实现气举井正常注气生产。配气工艺包括天然气的主注气通道和辅注气通道（旁通），在这两个注气通道上实现气体的合理分配。

（1）单井配气工艺流程。

配有流量计和调节阀，通过气举采油生产管理专家系统实现注气量精确控制。并备有旁通管道，能实现仪表故障情况下的手动定量控制注气。

（2）气举采油配气装置内部工艺流程。

配置有天然气报警仪、自动排风系统、温控系统、照明系统，能满足海洋环境的油田安全生产条件。按照控制方式可分为集中控制和分散控制两种模式，见图2。

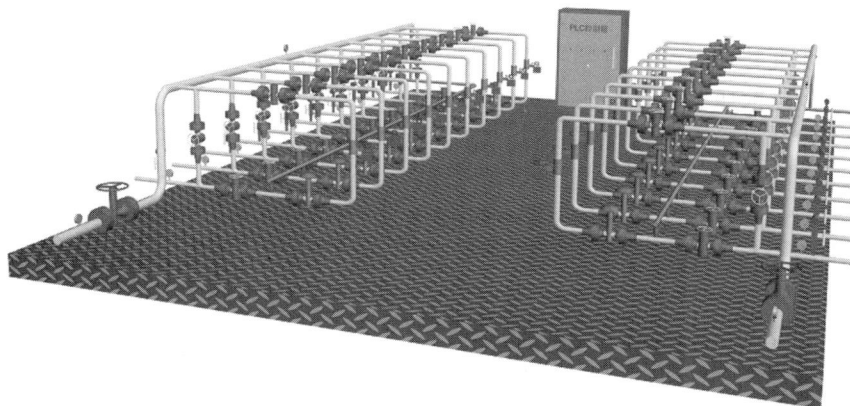

图2 分散控制模式的气举采油配气装置

2.1.2 工艺方案

（1）现场布局。

将气举采油配气装置工艺流程、仪器仪表等设备安装成橇。单组10井制式配气间结构见图3。

图3 配气装置内部结构示意图

（2）特点。

①便于安装和运输；

②保温良好，适应于低温等恶劣环境；

③适应于沙漠、人工岛等条件，仪器仪表不受风沙损害。

2.1.3 主要功能

（1）对经过压缩机压缩的高压天然气进行接收和单井注气量分配；

（2）测量和记录总集气汇管和单井注气管线参数，并传输到中心控制站；

（3）调节气举井注气管线中的注气量；

（4）根据压力波动变化实行紧急状态报警；

（5）采取连续注气和间歇注气模式的选择转换。

2.2 监控系统

气举采油配气装置可编程控制系统采用大型可编程控制或 DCS 系统，采集站内注气量、压变、温变及井口油压、套压等参数；实现对气举井生产的调节和控制；实现注气量的精确计量；在压力波动异常、气体泄漏、火灾等非正常状态下实现报警并自动关停生产等逻辑保护功能。

在中心控制室建立一套站控系统，将各个配气橇信号参数等统一上传到中控室站控系统，实现集中控制，见图4。

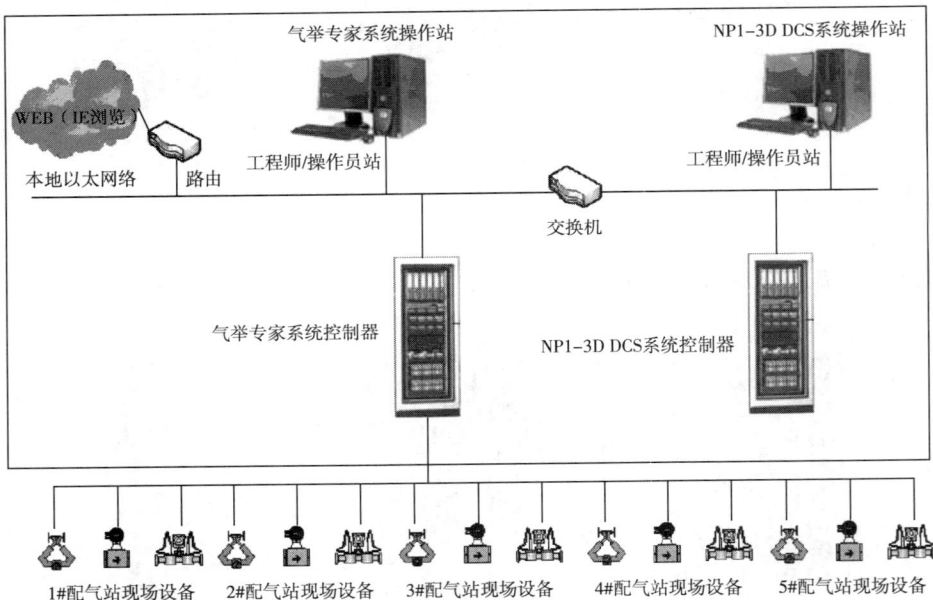

图 4 气举采油配气装置监控方案

控制系统的优点：设备集中，可以实现集中控制，便于中控生产运行；方便系统实现数据与管理共享。

2.2.1 系统功能

站控系统包括控制室监控系统和可编程控制器。操作员站对系统进行画面显示、数据处理、报警、数据归档及操作控制。可实现各监测点真正集中式控制，能完成站内实时生产过程监控，遥控现场控制设备；显示现场实时数据和历史数据；并分析、存储实时数据和历史数据，完成各种报警；完成各种联锁控制、顺序控制，保证系统安全、可靠、实用、先进，确保人员安全和生产设备有效运行。

2.2.2 图形趋势显示功能

形象地反映出工艺流程状况，菜单画面、总貌画面、操作组画面、单点显示画面、报警总貌画面、分区报警总貌画面、趋势组画面、单点趋势组画面、生产单位流程画面。显示动态流程画面，各种流量（瞬时、累计）、压力、温度和控制阀开启度等。

2.2.3 报警功能

系统设置独立的声、光报警装置和智能语音报警，其报警形式（音调、音量、灯光颜色、闪光方式等）包括绝对值及偏差报警、设定点超限报警、变送器故障报警、输出超限报警、变化率超限报警、系统诊断报警。当某一路发生报警时，无论画面显示在哪个功能区都优先弹出画面，以声、光、数据同时报警。

2.2.4 数据报表生成、查询功能

根据岗位需求和流程需要编制相应报表，自动生成班报、日报、月报数据、并有曲线动态显示，按提供的报表格式编制生产报表，流程数据监测，历史数据报表以日期、岗位字段查询。报表可以以 Excel 形式导出，自动另存在其他目录下。

2.2.5 控制和数据采集功能

数据采集单元对大量的非控制信号作采集和分配。数据采集单元须提供一定的算法功能，如线性化、开平方、滤波、报警及流量计算、累积及自定义算法等。对数据可进行历史数据存储。

2.2.6 数据处理存储备份功能

实时采集生产过程变量，进行计算处理和存储，存储数据到周期提示备份。

3　气举采油专家管理系统

气举采油专家管理系统主要包括四部分：气举井生产智能管理子系统、气举井注气量优化子系统、气举井工况诊断子系统、气举系统压力自动调节子系统。

（1）生产智能管理子系统：对气举井投产、注气量调控等日常生产管理行为进行智能化控制。

（2）注气量优化管理子系统：实现气举井产量与注气量的优化，提高气举系统效率。

（3）工况诊断子系统：分析诊断气举管柱漏失诊断、多点注气、管线冻堵等不正常工况。

（4）注气量自动调节子系统：根据气举井产量大小，自动调节单井注气量，使高产量井正常生产，确保对气举井产量影响最小。

苏丹 JAKE 油田气举研究及应用

俞克强[1]　唐雪清[1]　罗文银[2]　王生宝[1]　梁建业[1]　蔡　波[1]　梁春旭[1]

（1. 中石油苏丹 Petro – Energy 公司；2. 吐哈油田工程技术研究院）

摘　要： 本文系统介绍了气举采油技术在苏丹 JAKE 油田的研究与应用，通过对 JAKE 油田油藏地质的研究，提出了针对 JAKE 油田的气举采油方法、优选了气举参数、配套了气举管柱，并在现场试验中取得了非常显著的增产效果。

关键词： 苏丹　JAKE 油田　气举采油技术　研究　应用

JAKE 油田位于苏丹国内最著名的裂谷盆地 Muglad 盆地的东北部，从结构上看，JAKE 油田可分为三个区块：南部、中部和北部区块。

JAKE 油田从上至下发育有 Ghazal、Zarqa、Aradeiba、Bentiu 及 Abu Gabra 油层，其中 Bentiu 与 Abu Gabra 为主力产层。Bentiu 油层岩性主要为砂岩及粉砂岩，埋藏中深 1500m，储层平均孔隙度为 28%。Abu Gabra 岩性主要为砂岩、粉砂岩及泥页岩，油层埋藏中深 2450m，储层平均孔隙度为 16%。Bentiu 油藏地层压力系数为 0.88，Abu Gabra 油藏地层压力系数为 0.94。

1　气举采油技术研究

1.1　采油方式选择

JAKE 油田油井为斜井、采用丛式布井方式，产能高（初期试验单井产量达到 928 bbl/d）、气源充足，因此，研究结果采用连续气举采油方式接替自喷。

1.2　油井流入、流出预测方法选择

1.2.1　油井流入预测方法选择

油井的流入动态是指油井产量与井底流动压力的关系，它反映了油藏向该井供油的能力。从单井来讲，IPR 曲线表示了油层的工作特性。因而，它既是确定油井合理工作方式的依据，也是分析油井动态的基础。一口油井的流入动态与油藏特性紧密相关，如地层压力、生产能力及流体组分等。流入动态预测是油井气举设计的基础，如果油井流入动态的预测失准。对 JAKE 油田 6 口生产油井的流入曲线拟合分析表明与 Vogel 方法预测基本吻合，故，JAKE 油田采用 Vogel 方程对油井的流入特性进行预测分析。

$$\frac{q_0}{(q_0)_{\max}} = 1.0 - 2.0\left[\frac{p_{\mathrm{wf}}}{p_{\mathrm{B}}}\right] - 0.8\left[\frac{p_{\mathrm{wf}}}{p_{\mathrm{B}}}\right]^2$$

式中　q_0——产油量，bbl/d（m³/d）；

　　　$(q_0)_{\max}$——产油量，bbl/d（m³/d）；

p_{wf}——井底流压，psi（MPa）；

p_B——井底静压，psi（MPa）；

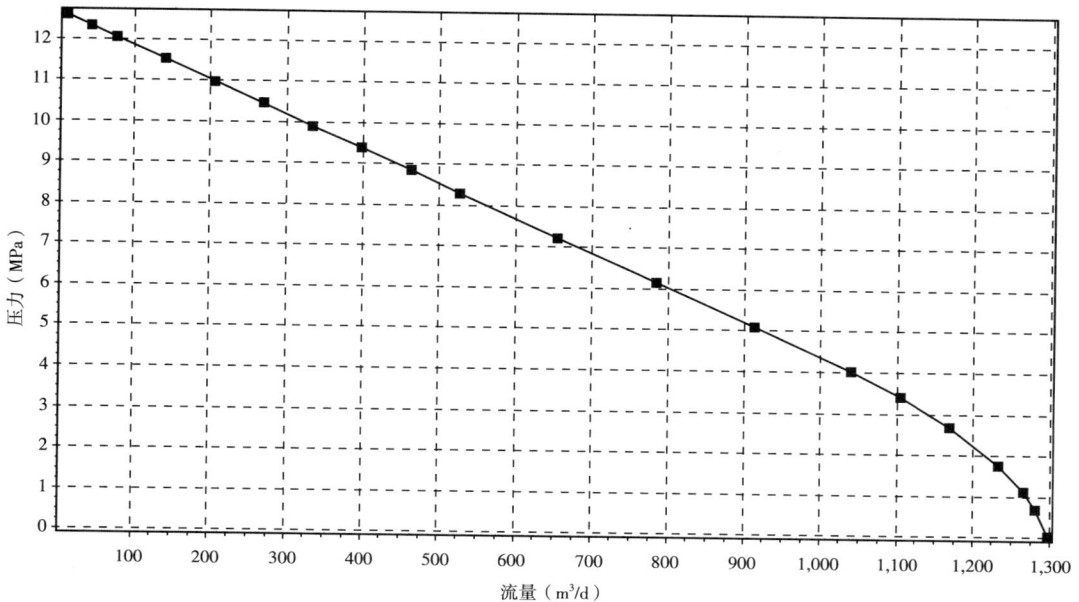

图 1　JAKE 油田模拟井 IPR 曲线

1.2.2　油井流出预测方法选择

油井井筒流出计算较为复杂，由于井筒中自下而上，压力、温度逐渐降低，管流中每相流体影响流动的物理参数（密度、黏度）及混合物密度、流速都随压力、温度变化。JAKE油田油井为斜井，最大井斜33°。通过对在倾斜管常用的压力计算方法进行了调研，常用的有 Beggs&Brill 方法、Flanigon 方法等方法。而 Beggs&Brill 方法是目前在斜井、水平井应用最为广泛，符合程度最好的倾斜管流计算方法。因此，JAKE 油田采用 Beggs&Brill 方法进行油井流出的预测方法。

1.3　油井停喷时间预测及气举接替时机选择

采用节点分析方法对 JAKE 油田开展地层压力、油井含水对油井自喷影响的研究，结论如下：油井自喷能力弱，自喷期短。当地层压力维持在 1842psi（12.7MPa）、油井在不含水时，能够勉强自喷，随着地层压力的下降或含水率的上升，油井很快停喷，故建议油井投产就开始气举。详细情况见图 2。

1.4　气举地面注气压力确定

随着地面注气压力的升高，最大注气深度相应的增加，但是注气压力的升高对地面设备的动力要求更高，因此，注气压力应该选择能满足气举生产要求条件下的最低压力（图 3）。表 1 中数据表明，地面注气压力为 7MPa 时，最大注气深度达到 1475m，考虑到 JAKE 油田油井 bentiu 层深度在 1100～1550m 之间，所以 1015psi（7MPa）地面注气压力能够满足油田开发初期气举生产的需要，但是，随着油田不断开发，含水率会逐渐上升，届时气举井的最大注气点深度会上移，因此，从保持气举井长期高效生产的角度考虑，推荐地面注气压力为 1160psi（8MPa）。

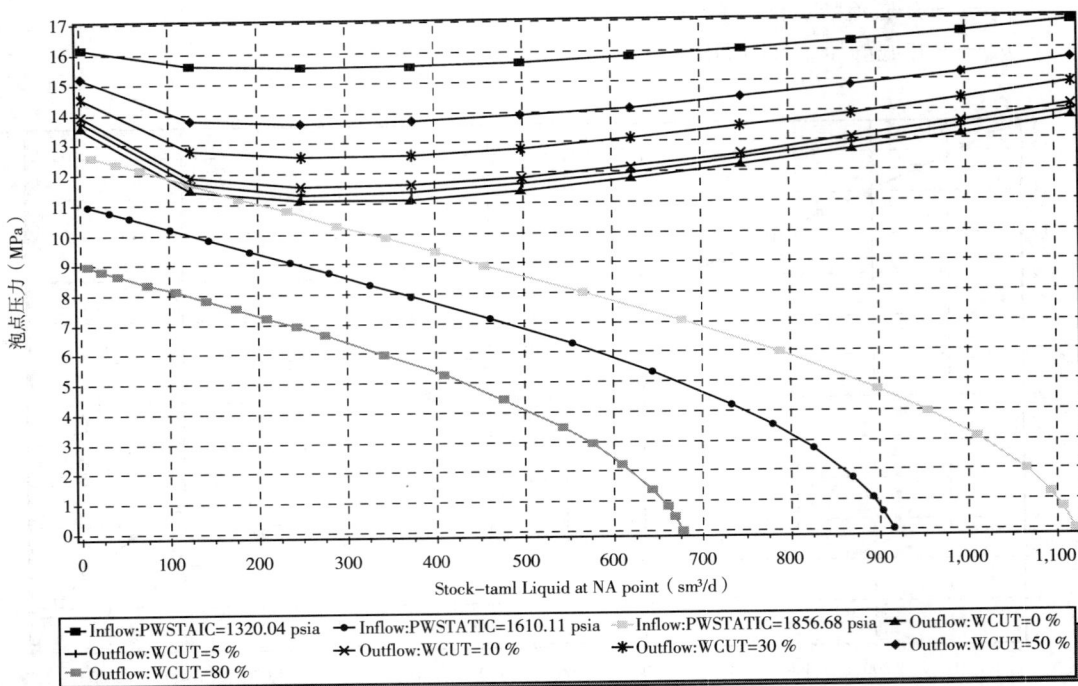

图 2 JAKE 油井自喷产量预测

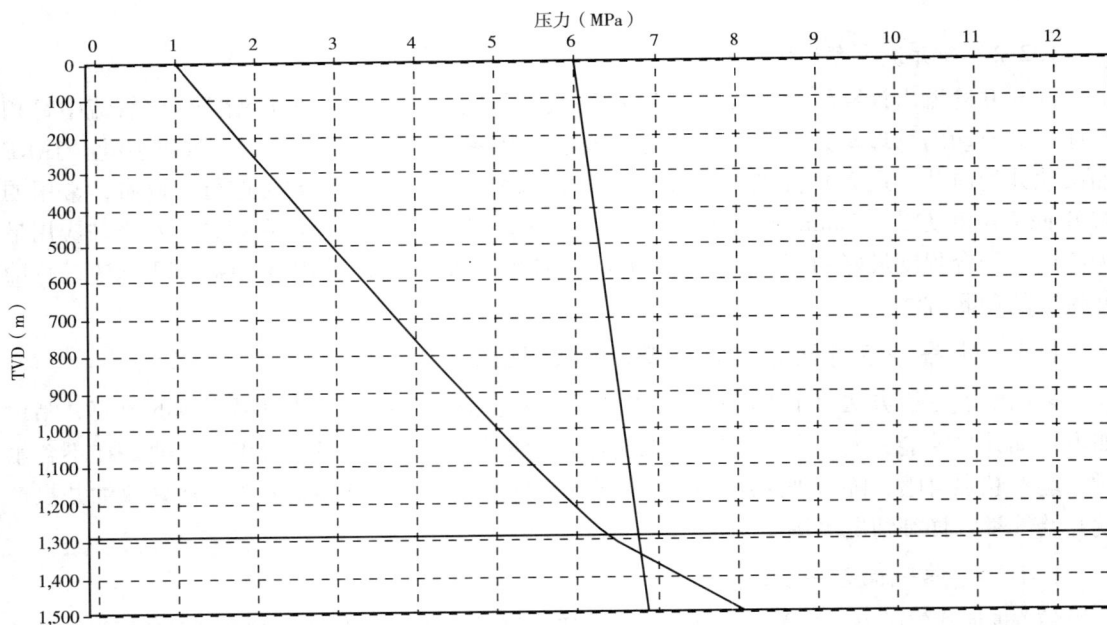

图 3 地面注气压力确定

表 1 不同地面注气压力对应最大注气深度

地面注气压力（psi），（MPa）	725，5	870，6	1015，7	1160，8
最大举升深度（m）	1091	1289	1475	井底

1.5 油管尺寸选择

图 4 是对应油管内径分别为 50.3mm、62mm、76mm 和 88.3mm 时的油井产量和井底流压曲线图，结果表明随着油管尺寸的增大油井产量随之提高，当油管尺寸大于 76mm 后，增加的幅度变小，因此，采用内径 50.3mm 和 62mm 油管气举，举升效率低，采用内径 76mm 和 88.3mm 油管气举，产液量分别为 3367 bbl/d（535 m³/d）和 3543 bbl/d（563m³/d），举升效率高。从满足油井高效生产和节约成本的角度考虑，推荐选择内径为 76mm 的油管。

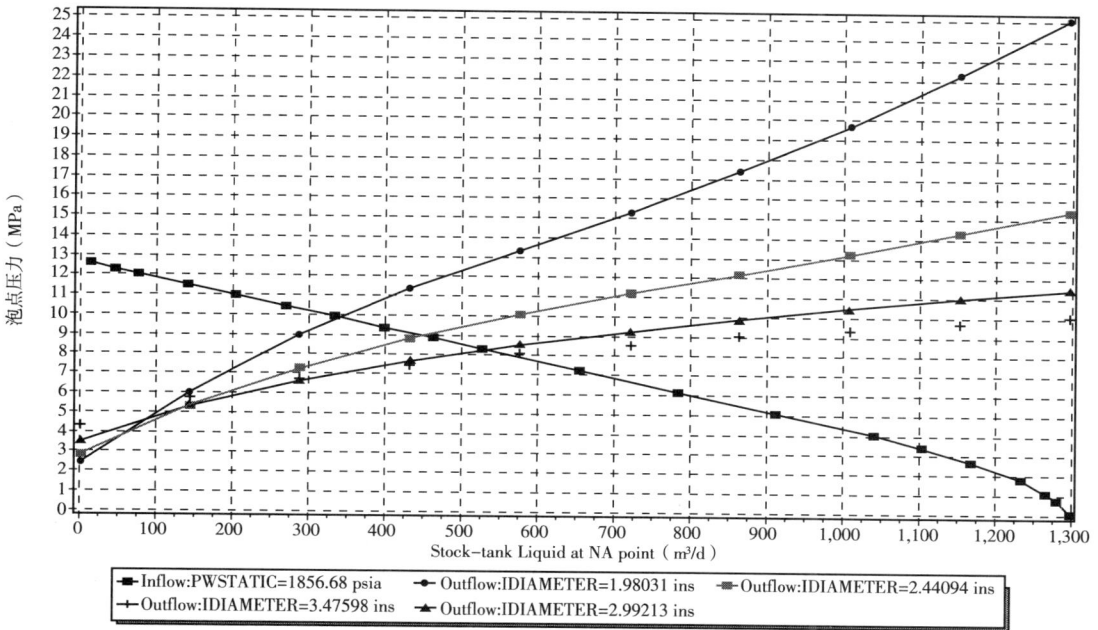

图 4 JAKE 油田油管尺寸选择

1.6 油井转气举后气量预测

图 5 所示，拟转气举井的单井注气量范围在 16000 ~ 35000m³/d 之间，则 18 口井气举采油需要注气量在 $28.8 \times 10^4 ~ 63.0 \times 10^4 m^3/d$ 之间。另外，考虑系统气量损耗以及随着油井含水率的升高，气举井需气量的增加量，因此，在进行供气系统建设时，必须留有一定的余地。

1.7 工艺参数敏感性分析

根据气举举升原理，对气举效果影响较大的参数主要有：地层压力、井口油压、含水率和气油比，下面对以上 4 个工艺参数进行分析。

1.7.1 地层压力

井口油压 145psi（1MPa），含水零，气油比 112scf/stb（20 m³/m³）条件下，地层压力敏感性分析。

由图 6 可见，随地层压力下降，油井气举产量下降，维持同样的产量需要的注气量上升，气举举升效率下降。因此，维持高的地层压力对满足油田的长期、稳定、高效开发至关重要。

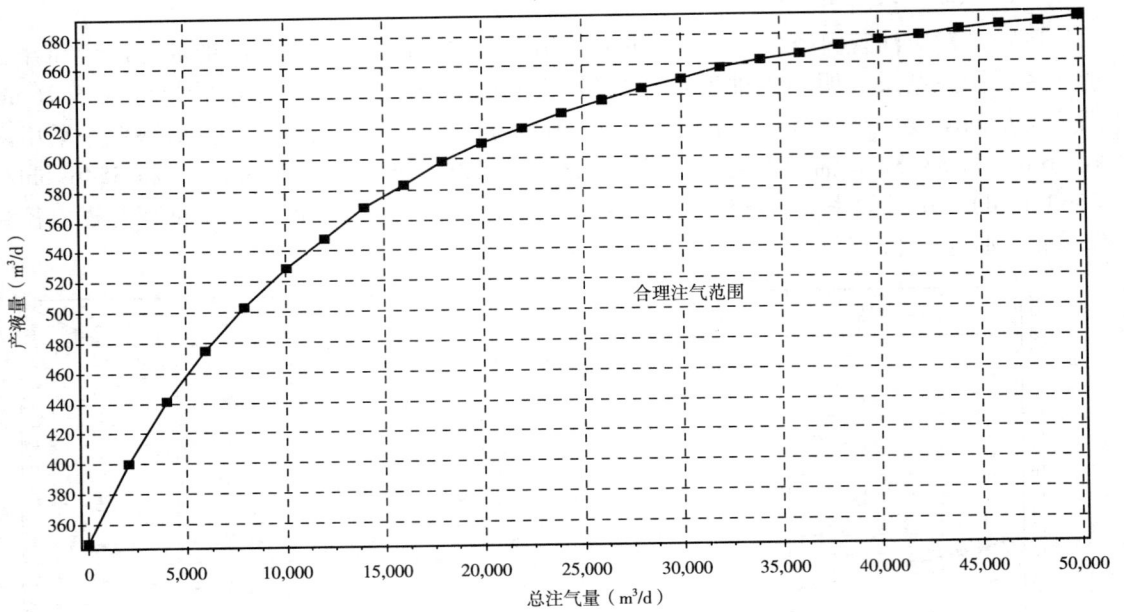

图 5　当前地层压力和含水率条件下气举井注气量预测

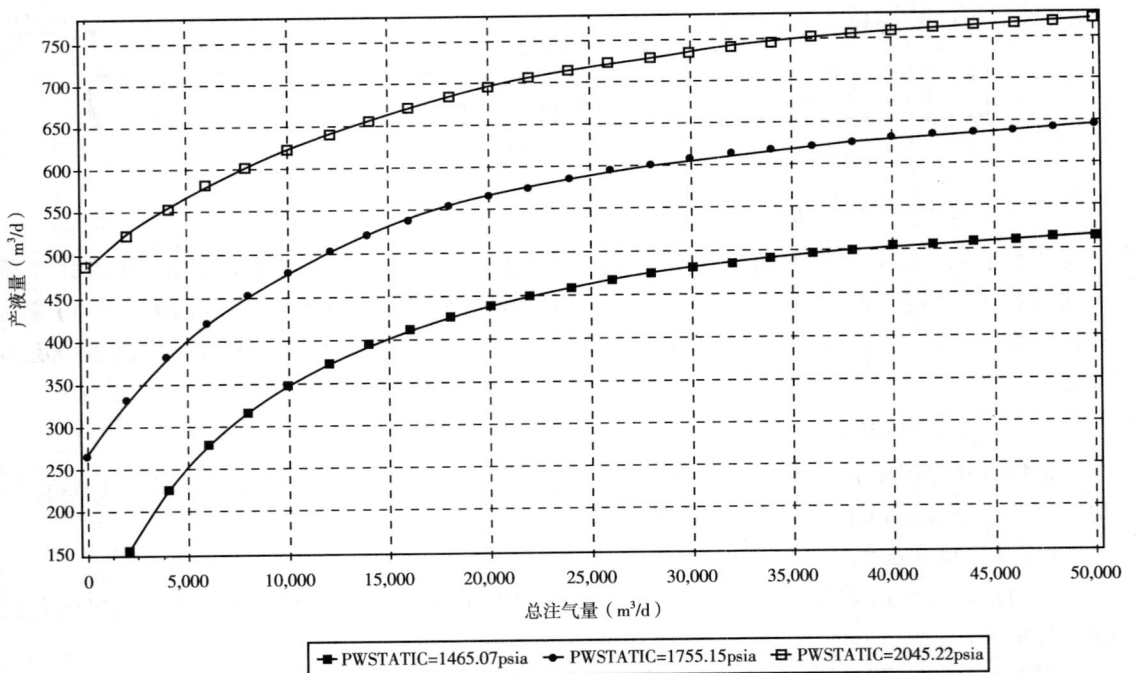

■ PWSTATIC=1465.07psia　● PWSTATIC=1755.15psia　▣ PWSTATIC=2045.22psia

图 6　地层压力敏感性分析图

1.7.2 井口油压

地层压力 1842psi（12.7MPa），含水 0，气油比 112scf/stb（20m³/m³）条件下，井口油压敏感性分析。

由图 7 可见，随井口油压的增大，气举产液量在同样注气量条件下也相应减小，说明井口油压对 JAKE 油田气举产液量影响很敏感，因此，建议 JAKE 油田气举采油系统在满足原油外输的条件下，尽量降低井口油压。

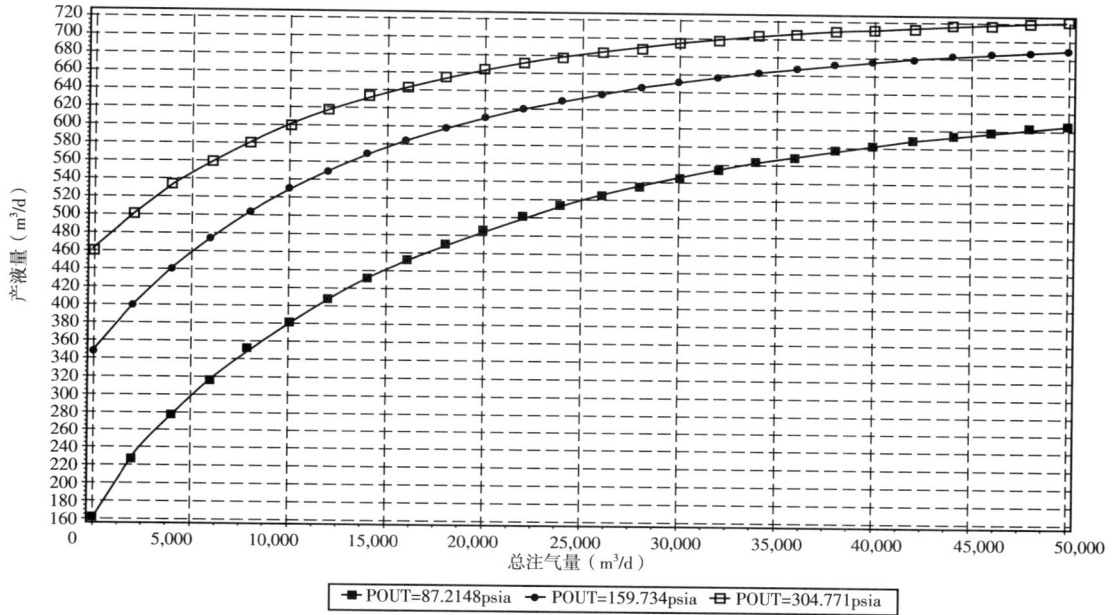

图 7　井口油压敏感性分析图

1.7.3 含水率

地层压力 1842 psi（12.7MPa），井口油压 145 psi（1MPa），气油比 112scf/stb（20m³/m³）条件下，含水率敏感性分析。

由图 8 可见，随含水率的上升，气举产液量在同样注气量条件下有所减小，尤其，当含水率大于 50% 以后，随含水率的上升，产液量下降幅度较大，说明中高含水率后，含水率对 JAKE 油田气举产液量影响敏感，因此，建议 JAKE 油田采用适当的稳油控水措施，延长气举采油的高效期。

1.7.4 气油比

地层压力 1842psi（12.7MPa），井口油压 145psi（1MPa），含水率零条件下，气油比敏感性分析。

由图 9 可见，JAKE 油田气油比主要影响气举对注气增产的敏感性，气油比越高，对注气越不敏感，较少气量就可维持生产。

1.7.5 小结

根据 JAKE 油田油井气举工艺敏感性分析结果，影响油井产量的主要因数是地层压力、井口油压和含水率。因此，维持高的地层压力对满足油田的长期、稳定、高效开发至关重要，同时建议在满足原油外输的条件下，尽量降低井口油压；建议 JAKE 油田采用适当的稳油控水措施，延长气举采油的高效期。

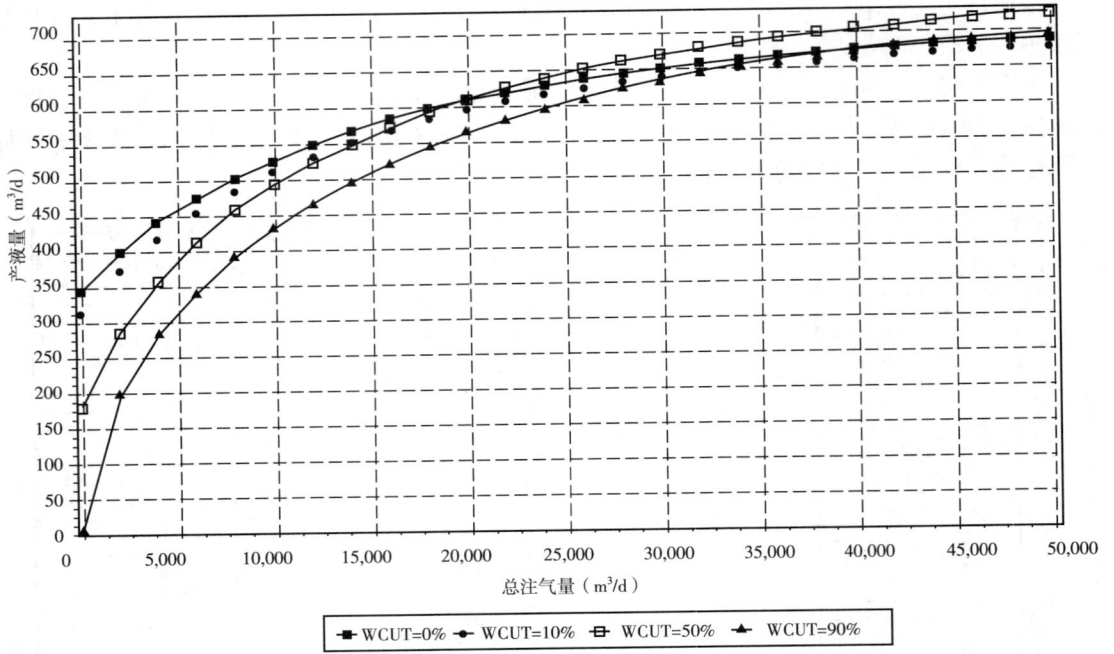

图 8　含水率敏感性分析图

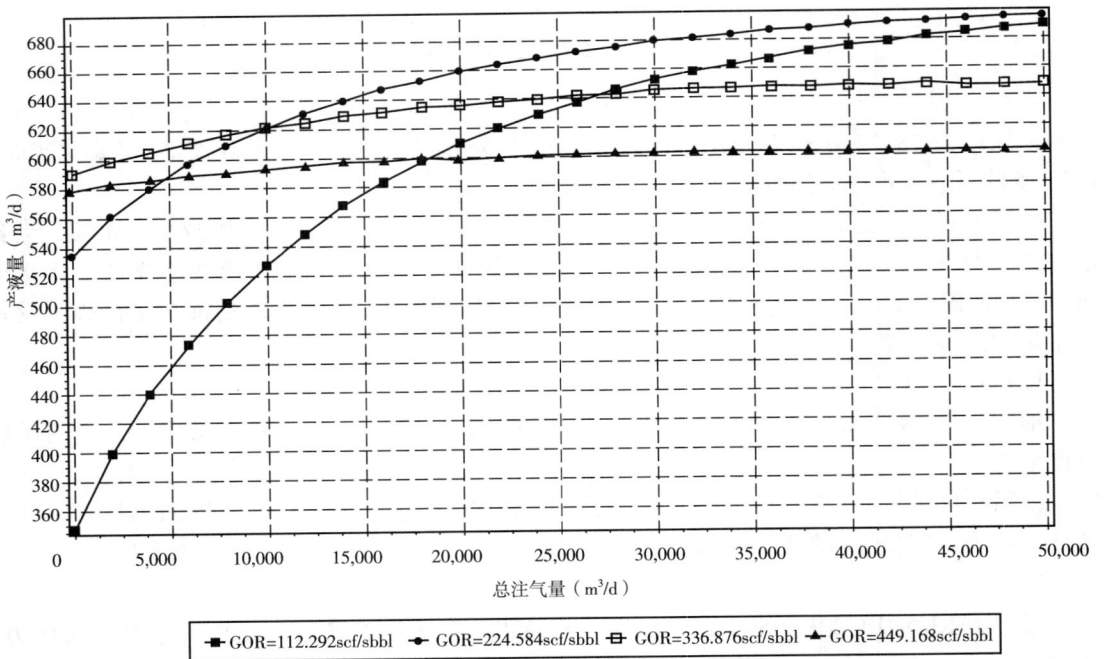

图 9　气油比敏感性分析图

1.8 设计方法研究

JAKE 油田连续气举采用降低注气压力设计法（图10）。该方法的要点是逐级降低打开井下各级气举阀的套管注气压力，以保证通过下一个工作阀注气以后，关闭上部各卸荷阀。它主要优点是气举初始启动压力低，同时在卸荷生产过程中，当井下某级气举阀打开注气后，其以上各级气举阀处于关闭状态。利用该方法，从压力体系的平衡和气量体系的平衡进行气举阀的分布，气举阀孔径的选择，气举阀地面调试压力等参数的确定。

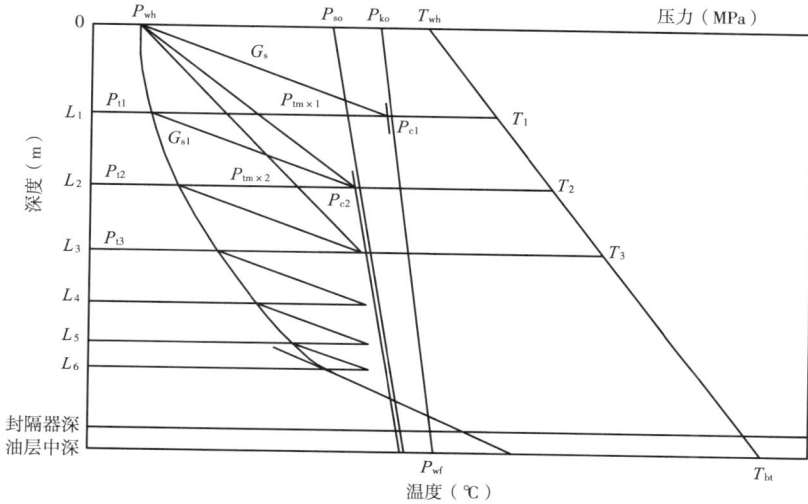

图 10 降低注气压力设计法

1.9 气举井下管柱及配套工具

JAKE 油田油井产液指数高，地层供液能力强，在目前生产阶段可形成可靠液封，但根据油田地层压力变化趋势，油田地层压力下降快，目前已由开发初期的高地层压力系统降低为正常地层压力系统，为防止较高的注气压力对地层所造成的回压，影响油井产能，推荐采用半闭式生产管柱（图11）。

为减少油井修井作业次数，实现三至五年不动管柱，提高油井的生产时效，推荐选用可投捞式气举完井工具，配套可投捞式偏心工作筒以及机械式封隔器。可投捞式气举阀安装在偏心工作筒中，气举生产井可以通过钢丝投捞作业对井下的气举阀进行更换。在气举完井类工具的选择中应遵循以下原则：偏心工作筒和气举阀工具成熟配套；钢丝投捞工艺成熟，钢丝投捞工具与偏心工作筒、气举阀投捞配套；配套完井工具成熟配套，完井管柱能够实现洗井及不压井作业（图12）。

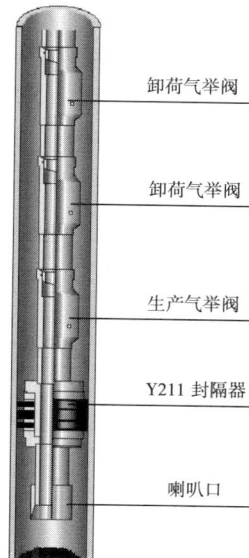

图 11 JAKE 油田气举生产管柱

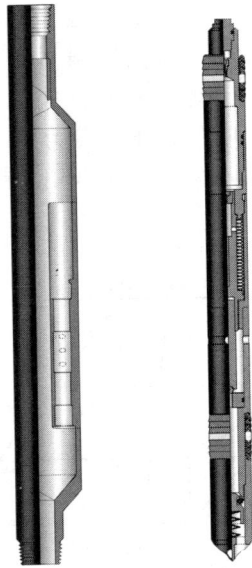

图 12　气举工作筒和气举阀

2　技术应用效果

截至目前，JAKE 油田转气举生产 8 口井，从 7 口有对比数据的井看，气举增产显著，最大单井日增产油量 3425 桶，平均单井日增产油量 1993 桶，7 口井合计日增产油量 13950 桶。7 口井的实际生产数据见表 2。

表 2　JAKE 油田气举效果统计表

井号	气举前			气举后			对比	
	采油方式	产液 （bbl/d）	产油 （bbl/d）	产液 （bbl/d）	产油 （bbl/d）	注气量 （m³/h）	增产液量 （bbl/d）	增产油量 （bbl/d）
JS－3	PCP	816	816	4443	4241	1210	3627	3425
JS－13	NF	750	750	4077	3926	1080	3327	3176
JS－20	PCP	948	910	3335	3176	1091	2387	2266
JS－18	PCP	778	576	3347	770	839	2569	194
JS－11	PCP	544	348	1780	1711	960	1236	1363
JS－19	新井			1740	1740	1382	1740	1740
JS－8	关井			2514	1786	773	2514	1786
平均单井		767	680	3034	2479	1048	2486	1993
合计		3836	3400	21236	17350	7335	17400	13950

3 认识和结论

通过苏丹 JAKE 油田的气举采油技术研究和应用，取得以下认识和结论。

（1）JAKE 油田自喷能力弱，投产后需要进行人工接替。

（2）根据 JAKE 油田油井气举工艺敏感性分析结果，建议提高地层压力、降低井口油压和控制含水上升速度。

（3）根据研究结果及现场应用情况可知，连续气举采油具有良好的增产效果，能满足 JAKE 油田的开发需求。

（4）初步形成了适合苏丹 JAKE 油田高产油井的气举采油配套技术，为同类油田的开发提供了成功的经验。

伊朗北阿油田多功能气举工艺管柱研究及应用

方志刚　吴剑

（吐哈油田工程技术研究院　新疆鄯善　838202）

　　摘　要： 针对伊朗北阿油田原油组分、地层特性及现场安全生产等方面的需求，本文开展了集举升、防腐、安全生产、洗井、不压井作业等功能于一体的新气举完井工艺及完井工具研究。通过在常规气举管柱上配套坐放短节、滑套、化学注入工作筒及井下安全阀等完井工具，开发了具备气举生产能力同时还可实现多项辅助功能的一趟管柱完井技术。该管柱在伊朗北阿油田现场施工顺利，应用效果良好，达到了设计目的。

　　关键词： 伊朗北阿　多功能管柱　气举完井　一趟管柱

　　北阿扎德干油田位于伊朗的西南部城市 Ahwaz 以西 80km 处，和伊朗与伊拉克边境平行，呈南北向展开。根据油田总体开发方案，一期共部署 48 口生产井，以水平井和斜井为主，其中水平井 17 口、大斜度井 21 口、双分支井 7 口、垂直井 3 口，平均单井产量大于 200m^3/d。北阿油田主要开发的储层 Sarvak 为碳酸盐岩油藏，地质储量 5500MMBls（8.745 $\times 10^8 m^3$），占油田总地质储量的 96.83%。油藏中深 2813m，平均孔隙度 14.9%，平均渗透率为 58.7mD，属于中孔低渗油气藏；原始地层压力约为 31.8MPa，地层压力系数 1.13，地层温度 96℃，属于正常温度压力体系；原油含硫、含蜡量高，原油含蜡量 2.22%，沥青质含量 14.3%，硫含量 4.6%，H_2S 含量 9%，API 为 17.17，按照 API 分类标准，该区块原油属于重质原油；地层水矿化度高，为 130～262g/L，阳离子含量高，主要为 Na^+，平均为 69.02g/L，阴离子以氯离子为主，平均为 120.44g/L，易结垢；气体组分中含有 H_2S 和 CO_2 酸性气体，二者分别占 0.06% 和 3.17%。从上述油田概况可以看出北阿油田对完井工艺提出了很高的要求。2009 年，吐哈气举应邀为伊朗阿扎德干油田开展气举采油方案编制。2010 年气举采油方案获得甲方审查通过，确定北阿油田的主体采油方式为气举采油。

1　管柱结构及工艺原理

　　2011 年，在伊朗北阿扎德干油田气举采油完井技术服务正式启动，针对伊朗北阿油田完井工艺方面的需求，吐哈气举中心确定了管柱设计思路：（1）强化安全风险识别，全面实施开发全过程的 HSE 要求；（2）以实现油田经济有效开发为目标，满足高产井产量开发要求；（3）加强完井工艺设计的针对性，满足水平井、大斜度井等多种井身结构需求；（4）针对油田含 H_2S、CO_2 腐蚀气体，配套耐酸性井下工具，延长修井周期；（5）加强储层保护措施，实现采油全过程的储层有效保护。由此吐哈气举中心开展了集高产井生产、防腐、清防蜡、安全生产等功能于一体的气举完井工艺管柱及配套工具研究。

1.1 管柱结构

该工艺管柱（图 1 从下至上）主要有打压球座 + 坐放短节 + 扶正器 + 7"封隔器 + 滑套 + 伸缩短节 + 2 号化学注入阀 + 1 号化学注入阀 + 第五级偏心工作筒 + 第四级偏心工作筒 + 第三级偏心工作筒 + 第二级偏心工作筒 + 第一级偏心工作筒 + 流动短节 + 井下安全阀 + 流动短节 + 油管挂。

1.2 工艺原理

按管柱结构图下入完井管柱，下井前所有井下工具必须要按工具检测程序进行检查和检测，不合格产品坚决不下井。管柱下到位后，从油管打压 25MPa 坐封封隔器，持续从油管打压并根据压力变化情况和套管溢流对封隔器进行验封，封隔器验封合格后可安排进行气举投产。

气举生产时，气举井由环空开始注气，然后通过气举卸荷阀使油井注气点稳定在生产工作阀，利用气举工作阀控制注入压力和气量，从而保持气举井处在一个连续稳定的生产过程。多功能的气举管柱各种功能主要是通过井下工具实现的，具体功能如表 1 所示。

表 1　多功能气举管柱主要工具及效果

工具名称	主要功能
井下安全阀	井口失效时提供井控通道
气举工作筒（含气举阀）	气举卸荷阀：利用外加气源排空井筒液体，实现气举采油的顺利投产
	气举工作阀：合理控制注入气的气量和压力，实现正常的连续气举采油
化学注入工作筒	提供化学剂注入能力
封隔器	封隔油套环空，形成半闭式气举管柱
伸缩短节	补偿油管长度变化
钢丝作业滑套	在油管与套管之间建立通道
坐放短节	为完井管柱提供多样性的功能选择

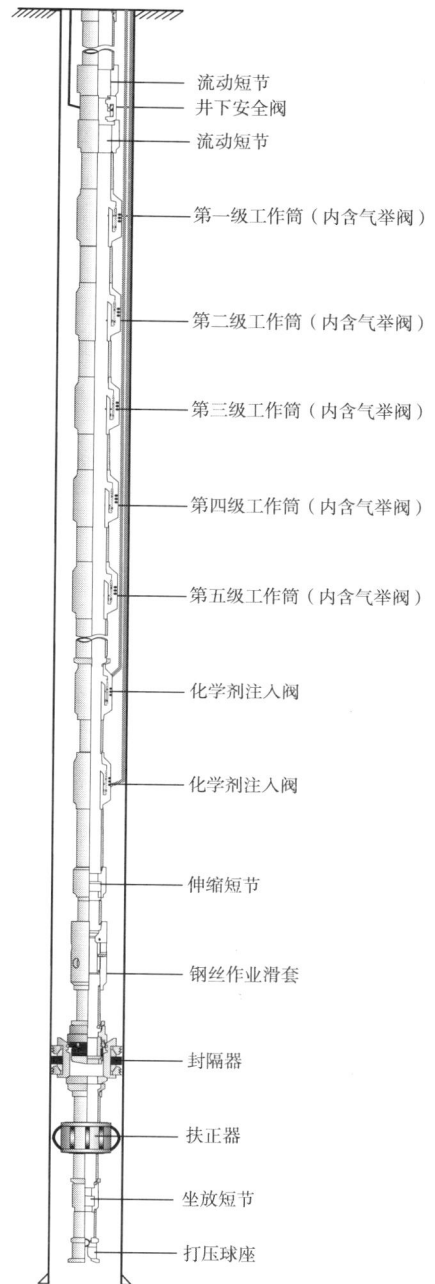

流动短节
井下安全阀
流动短节

第一级工作筒（内含气举阀）

第二级工作筒（内含气举阀）

第三级工作筒（内含气举阀）

第四级工作筒（内含气举阀）

第五级工作筒（内含气举阀）

化学剂注入阀

化学剂注入阀

伸缩短节

钢丝作业滑套

封隔器

扶正器

坐放短节

打压球座

图 1　多功能气举完井管柱

2　配套工具

在半闭式气举采油生产中，封隔器、气举阀以及工作筒是必不可少的结构单元，但在多功能气举采油工艺管柱中还需要配套辅助工具，提高工艺管柱的功能、延长管柱有效期。

2.1 大尺寸气举工作筒

2.1.1 产品概述

偏心工作筒是用来安装、密封、固定气举阀的，它相当于一个特殊的油管短节，有和油管柱内通径相配套的内通径，便于投捞作业和测试。工作筒最显著的特点，是可以通过钢丝作业的方法将气举阀投入它的阀袋孔中或从阀袋孔中捞出，这样就可以在检修或更换气举阀时免除起下油管作业。正是因为这个优点，偏心工作筒除气举外还广泛应用于注水、注化学剂、注 CO_2 等作业中。

2.1.2 结构与组成

偏心工作筒（图2）主要由工作筒本体、导向块和阀袋三部分组成。

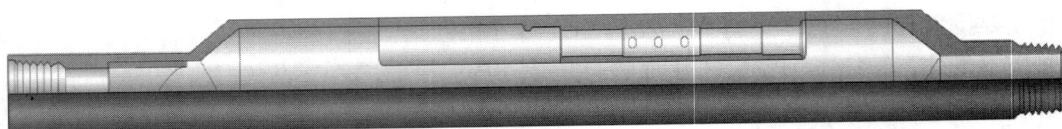

图2 KPX偏心工作筒示意图

2.1.3 技术特点

（1）内通径与油管相同，满足高产气举井（>200m³/d）的生产需求，投捞作业和测试方便；

（2）气举工作筒的研制符合NACE标准要求，可以在 H_2S、CO_2 气举井中使用，有效延长了工具使用寿命；

（3）偏心阀袋及导向块的设计保证造斜器准确地将阀投入偏心工作筒和从偏心袋中将阀捞出，提高了钢丝作业成功率。

2.1.4 主要性能参数及指标（表2）

表2 工作筒主要性能参数及指标

规格	总长（mm）	外径（mm）	通径（mm）	工作压力（MPa）	屈服强度（MPa）
KPX－140	2100	140	73	35	551
KPX－168	2250	168	92.5	35	551

2.2 化学剂注入工作筒（图3）

2.2.1 产品概述

油管回收化学剂注入工作筒，为需要进行井下化学剂注入作业提供了一种经济的解决方案。它们组成了整个采油管柱的一部分，并使用了3/8in的不锈钢管线作为化学剂注入通道。本次采用的化学剂工作筒最显著的特点，是可以通过使用与气举阀相同的钢丝作业工具和方法将化学注入阀投入它的阀袋孔中或从阀袋孔中捞出，这样就可以长期保证化学注入系统的功效，并且延长整个管柱的有效期。

图3 化学注入工作筒示意图

2.2.2 结构与组成

化学剂注入工作筒主要由本体和注入管线两部分组成。

2.2.3 技术特点

（1）内通径与油管相同，投捞测试方式与气举工作筒相同，投捞作业和测试方便；

（2）化学注入工作筒的研制符合 NACE 标准要求，可以在 H_2S、CO_2 气举井中使用；

（3）配套的化学注入阀具备双单流结构，可有效防止油管内的液体或气体回流到套管环空或化学注入管线。

2.2.4 主要性能参数及指标（表3）

表3 化学注入工作筒主要性能参数及指标

规格	总长（mm）	外径（mm）	通径（mm）	工作压力（MPa）	屈服强度（MPa）
KHZ－140	2100	140	73	35	551

2.3 伸缩短节

2.3.1 产品概述

MN 型伸缩短节（图4）是井下作业管柱的关键配套工具，用于管柱中调节由于温度或压力变化而引起的油管长度的变化，从而避免因轴向载荷变化过大而出现的危险。可配合机械或液压封隔器使用，广泛用于压裂、酸化等各种增产措施作业，同时也广泛用于注水、注气及各种完井工艺中。

图4 MN 伸缩短节示意图

2.3.2 结构与组成

MN 型伸缩短节主要由上下接头、密封套、延伸芯轴、密封组件、剪切销、剪切套组成，常常用于封隔器上部。

2.3.3 技术特点

（1）可在任意位置传递扭矩；

（2）较长的密封组件，密封可靠，伸缩行程大；

（3）可调节式开启销钉组合，剪切力可在需要范围内调整。

2.3.4 主要性能参数及指标（表4）

表4 伸缩短节性能参数及指标

规格	总长（mm）	外径（mm）	通径（mm）	工作压力（MPa）	轴向载荷（t）
MN－130	3048	130	73	70	102

2.4 钢丝作业滑套

2.4.1 产品概述

钢丝作业滑套（图5）连接在油管柱中的适当位置，通过钢丝作业打开或关闭套管与油管之间的通道，为油、水、气井提供压井和洗井通道。钢丝作业滑套可以多次打开和关闭，广泛应用于油田的各种类型的油水气井中。在一套管柱中，可下入多个滑套。在钢丝作业工具串中接入移位工具就能方便地打开或关闭任一或所有滑套。钢丝作业滑套内通径较大，可通过各种投捞测试工具。

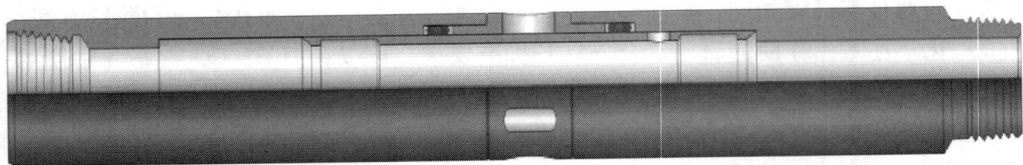

图 5　KHT – 127 钢丝滑套示意图

2.4.2　结构与组成

滑套由：上接头、中间接头、下接头、内滑套和上下封隔组件组成。

2.4.3　技术特点

（1）配套专用移位工具，连接标准钢丝作业工具串，可通过向上或向下震击工具串实现开关功能，开关可靠、简单、快速；

（2）专用移位工具设计有安全销，可震击脱手，保证钢丝作业安全；

（3）滑套中部的平衡槽可平衡油套压差，确保滑套顺利打开或关闭；

（4）内滑套设计有上移、下移台肩及起锁定作用的弹性定位爪，使移位工具能准确地对滑套进行打开和关闭作业。

2.4.4　主要性能参数及指标（表5）

表5　钢丝滑套性能参数及指标

规格	总长（mm）	外径（mm）	通径（mm）	工作压力（MPa）	移位工具
KHT – 127	1109	127	71.4	35	KYW – 73

2.5　坐放短节

2.5.1　产品概述

坐放短节与油管连接下到规定深度，需要时通过钢丝作业放置平衡式单流阀、井下测试工具、堵塞器、仪表悬挂器和井下油嘴等工具，以便进行气举管柱完井、液力坐封封隔器的坐封、对管柱进行测试、与丢手封隔器一起实现不压井作业等操作。同样可通过钢丝作业捞出上述工具，恢复油管通径。

图 6　KXZ – 115 坐标短节示意图

2.5.2　结构与组成

坐放短节是一种有规定内部形状的油管短节。

2.5.3　技术特点

（1）坐放短节采用抗腐蚀材料加工，比油管更耐久，保持其在很长时间内密封性能不失效。

（2）坐放短节内（图6）坐入不同工具实现多种功能，如坐入仪表悬挂器和测试仪器，可进行井下长时间不停产测试；坐入井下油嘴，可解决井口油嘴容易冻堵问题，而且这种井下油嘴比油管内任意式油嘴安全可靠简单；坐入平衡单流阀，可坐封液压封隔器，在热洗和酸洗时不伤害地层；坐入堵塞器，可坐封液压封隔器，并与封隔器一起实现不压井作业，等等。

（3）除了坐入上述常用工具外，可在此基础上开发更多新产品，为多功能气举完井管柱实现和扩展更多功能。

2.5.4 主要性能参数及指标（表6）

表6 坐放短节性能参数及指标

规格	总长（mm）	外径（mm）	通径（mm）	工作压力（MPa）	备注
KXZ－115	414	115	59.2	50	下止过

3 结论

由于北阿油田钻井进度原因，多功能气举完井工艺管柱目前只进行了1口井的现场施工。在应用中，吐哈气举中心设计的多功能气举完井管柱表现出良好的现场适应性，顺利完成了施工作业，取得了满意的现场使用效果。北阿第一口气举井完井管柱施工的顺利完成，标志着该工艺管柱可以投入现场进行应用，这不仅提高了北阿油田现场气举完井的水平，也为北阿油田后期气举采油管理打下了坚实的基础。

基础理论和实验装备

气举井气液两相管流滑脱损失分析

钟海全[1]　李颖川[1]　钱银磊[2]

（1. "油气藏地质及开发工程"国家重点实验室，西南石油大学　成都　610500；

2. 西南石油大学　成都　610500）

摘　要：目前在中原、吐哈、四川等各大油气田，几乎所有的低压低产气举井所面临的普遍问题都是滑脱损失严重，举升效率低。滑脱损失是气液两相上升流动过程中普遍存在的一种现象，是影响气举井举升效率及稳定性的重要的因素，因此有必要对滑脱现象进行深入研究，以清楚地认识两相流规律，并为气举的生产配气提供理论依据。本文利用压降梯度模型，分别采用 Hagedorn - Brown 方法和无滑脱模型预测井筒气液两相流压降梯度，并提出利用滑脱密度、压降差及滑脱比分析滑脱损失。通过实例敏感性分析产液量、含水率及油压等在不同气液比条件下对滑脱损失的影响。

关键词：气举　两相管流　滑脱比　滑脱损失

随着油气田地层压力逐渐降低和含水程度日益增高，原采用连续气举排液方式的油气井的开采难度增高，其举升效率降低，很难进一步提高油气藏采收率。其核心问题是随地层压力的降低，气举过程中液体滑脱损失严重。滑脱现象是在气液两相垂直管流中，由于气体和液体间的密度差而产生气体超越液体上升的一种现象。出现滑脱之后将增大气液混合物的密度，从而增大混合物的静水压头（即重力消耗），导致井底回压增高，需要增大注气量才能维持生产。因此准确的分析气液两相管流滑脱损失及其影响因素可以使气举井合理配气及优化生产，并能恰当的选择新型气举采油、气方式。

1　滑脱损失评价方法

通常是用有滑脱时混合物的密度与不考虑滑脱的混合物密度之差来表示单位管长上的滑脱损失。要计算混合物密度，需先求持液率。考虑滑脱的持液率 H_L 因为与诸多变量（如气、液物性、管流流型、管径、管斜角等）有关，所以很难精确计算 H_L，本文采用了 Hagedorn - Brown（简写 HB）法与无滑脱压降预测模型，并定义滑脱比为滑脱压降与举升压降之比，其反映了滑脱压降占整个井身举升压降的比率，值越大，表明滑脱损失越严重，举升效率越低。为准确分析滑脱损失，本文分别采用混合物密度差（滑脱密度）、压降差（滑脱压降）及滑脱比分析滑脱损失。

对于气液两相管流，令坐标正向与流体流动方向一致，由动量守恒可得其压力梯度方程

作者简介：钟海全，男，1979 年生，讲师，博士，主要从事采油采气工程及多相流理论与模拟等方面的教学与科研，E - mail：swpuzhhq@126.com。

及边界条件为：

$$\begin{cases} \dfrac{\mathrm{d}p}{\mathrm{d}L} = F(L,\ p) = \left(-\rho_{\mathrm m}g\sin\theta - f\dfrac{\rho_{\mathrm m}v_{\mathrm m}^2}{2D} \right) \Big/ \left[1 + \rho_{\mathrm m}v_{\mathrm m}v_{\mathrm{sg}}\left(\dfrac{1}{Z}\dfrac{\partial Z}{\partial p}\Big|_{T_{\mathrm f}} - \dfrac{1}{p} \right) \right] \\ p(L_0) = p_0 \end{cases} \quad (1)$$

若采用无滑脱压降模型，持液率及气液混合物密度可表示为：

$$\lambda_{\mathrm L} = \frac{q_{\mathrm L}}{q_{\mathrm m}} = \frac{q_{\mathrm L}}{q_{\mathrm L} + q_{\mathrm g}} \quad (2)$$

$$\rho_{\mathrm{ns}} = \rho_{\mathrm L}\lambda_{\mathrm L} + \rho_{\mathrm g}(1 - \lambda_{\mathrm L}) \quad (3)$$

若采用 Hagedorn – Brown 法，持液率需根据 HB 图版得到，混合物密度可表示为：

$$\rho_{\mathrm m} = \rho'_{\mathrm L}H_{\mathrm L} + \rho'_{\mathrm g}(1 - H_{\mathrm L}) \quad (4)$$

式中 ρ'——对应的气、液密度与无滑脱对应的气液密度不等，密度差表示为式（4）与式（3）之差。

式（1）可采用迭代法或龙格库塔法计算数值解，分别按 Hagedorn – Brown 法和无滑脱压降模型计算井筒压降梯度，然后计算其压力差值，该差值即为滑脱压降。

2 实例分析

某气举井油层中深 3000m，油管下至产层，注气点位于油管鞋，油、气、水相对密度分别是 0.87、0.58、1.02，井口温度 20℃，产层温度 110℃，油压 1.5MPa，含水率 10%，油管尺寸 $2\frac{7}{8}$in。

设其产液量为 $60\mathrm{m^3/d}$，以总气液比（$\mathrm{m^3/m^3}$）进行滑脱分析。从图 1—图 3 看，混合物密度差（滑脱损失）井口较井底大；井底滑脱损失随总气液比先增加后减小，井口先减小后增大；总滑脱压降随总气液比先增加后减小，其最大值大致在 $300\mathrm{m^3/m^3}$，井底流压随气液比增加而减小，当气液比很高时，略有增加（摩阻增加的结果）。

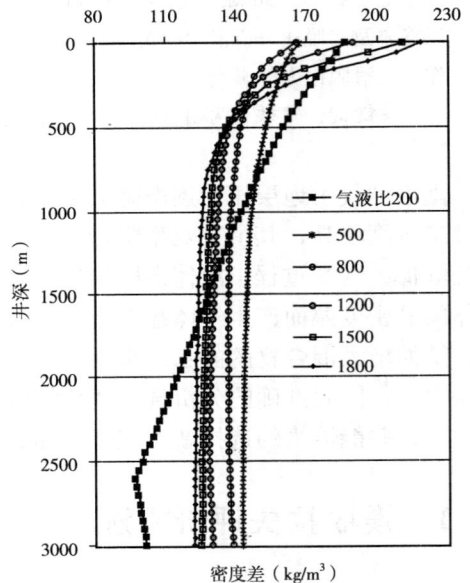

图 1 不同气液比密度差沿井筒分布（含水 10%）

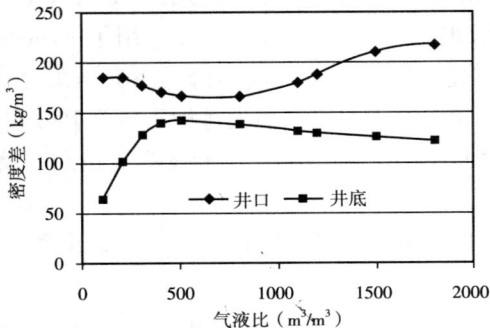

图 2 气液比对井口、井底密度差影响（含水 10%）

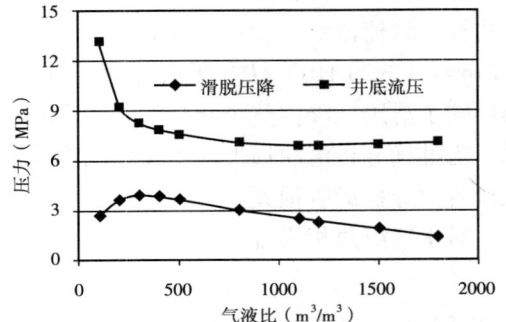

图 3 气液比对滑脱压降及流压影响（含水 10%）

若增加含水率到50%对其进行滑脱损失分析。从图4—图6看，滑脱密度沿井筒（井口至井底）大致呈递减趋势，在高气液比条件下，井口附近变化明显；混合物密度差（滑脱损失）井口可能较井底小；井底滑脱损失随总气液比先增加后减小，井口大致先减小后增大；总滑脱压降、井底流压随气液比随气液比变化趋势与图3相同。

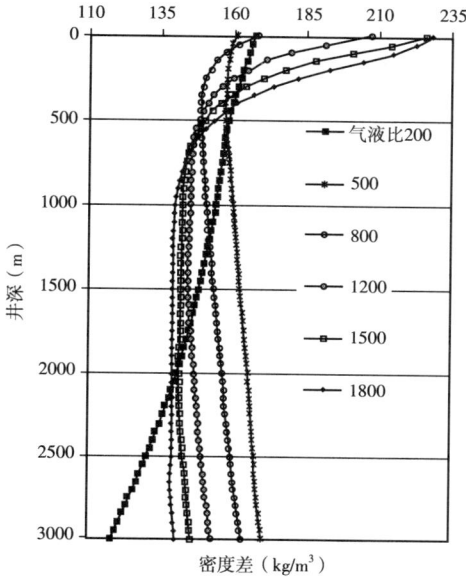

图4 不同气液比密度差沿井筒分布
（含水50%）

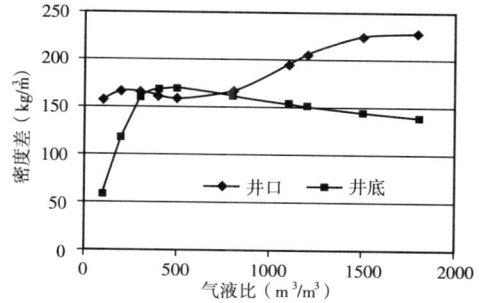

图5 气液比对井口、井底密度差影响（含水50%）

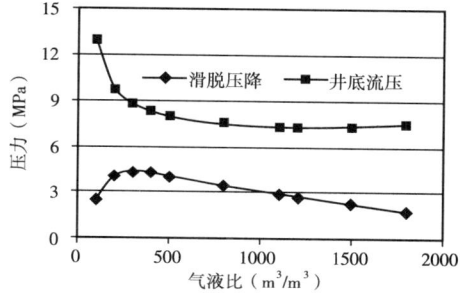

图6 气液比对滑脱压降及流压影响（含水50%）

若增加含水率到90%对其进行滑脱损失分析。从图7—图9看，滑脱密度沿井筒（井口至井底）大致呈递增趋势；混合物密度差（滑脱损失）除特低气液比外井口较井底大；井

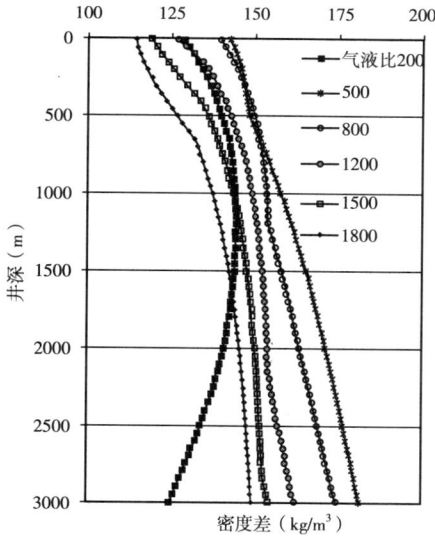

图7 不同气液比密度差沿井筒分布
（含水90%）

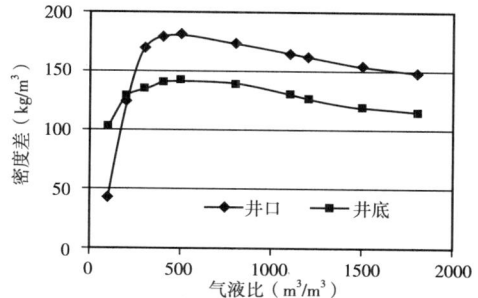

图8 气液比对井口与井底密度差的影响（含水90%）

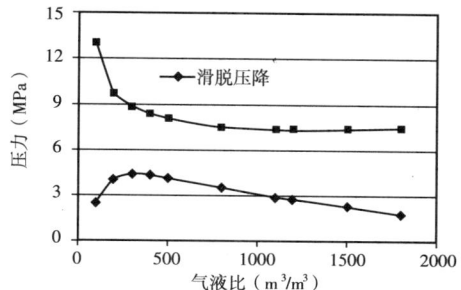

图9 气液比对总滑脱压降及流压影响（含水90%）

口、井底滑脱损失随总气液比均先增加后减小；总滑脱压降、井底流压随气液比随气液比变化趋势与图3、图6相同。

若按含水率为50%，油压1.5MPa对其不同产液量（图例中产量均为产液量，m^3/d）进行滑脱分析。图10—12分别给出了不同产液量下密度差、滑脱压降及滑脱比随气液比的变化，从图10看，井底滑脱密度随产液量增加、气液比的增加而主要呈增加趋势，产液量、气液比影响明显；高产量条件下井口密度差明显小于井底，而中、低产量则可能相反。图11表明：随产液量增加井底流压增加，在低产液量下滑脱压降随气液比变化不明显且较高。图12表明：滑脱损失随产液量增加而减小，在低产液量下，滑脱损失高达总压降损失的78%。

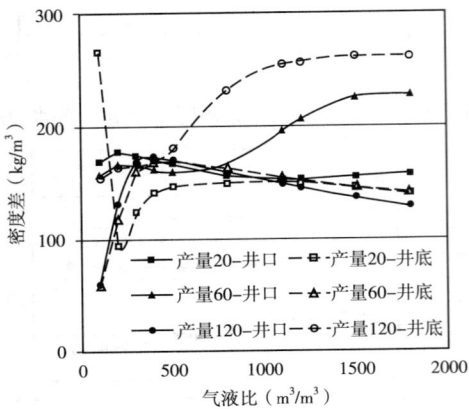

图10 不同产量下气液比对井口、井底密度差的影响

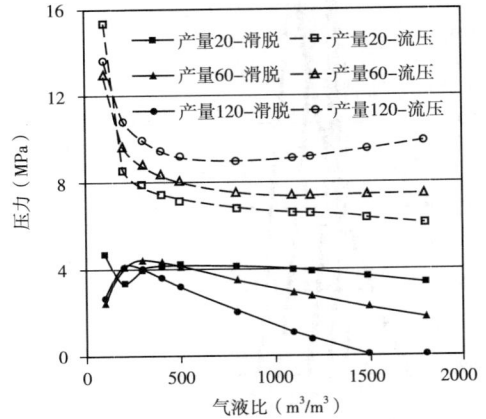

图11 不同产量下气液比对总滑脱压降及流压影响

若按产液量为$60m^3/d$，油压1.5MPa对其不同含水率（图例中含水率均为百分数，%）进行滑脱分析。图13—15分别给出了不同含水率下密度差、滑脱压降及滑脱比随气液比的变化，从图13看，井底滑脱密度随含水率增加主要呈增加趋势、随气液比的增加先增加后减小，含水率、气液比影响明显；高含水下井口密度差随气液比先增加后减小且明显小于中、低含水情况，而中、低含水则主要呈先减小后增大。图14表明：含水率的影响不明显。图15表明：含水率对滑脱比的影响不明显，这与图14是一致的。

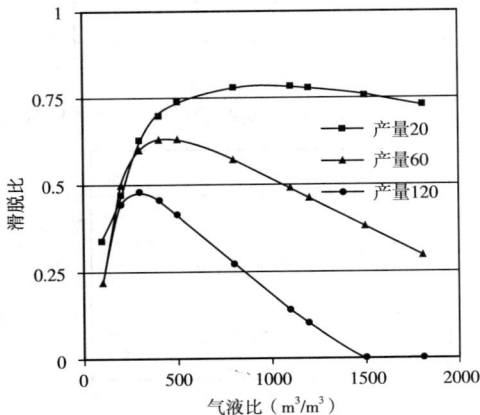

图12 不同产量下气液比对滑脱比影响

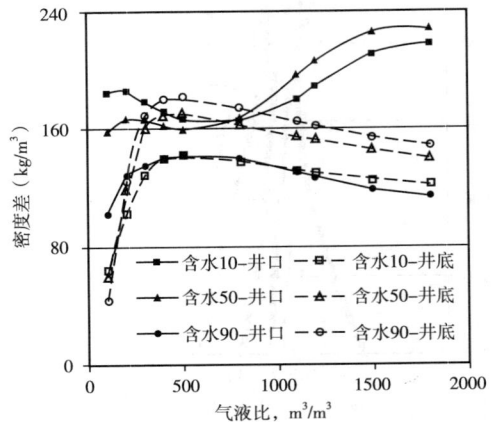

图13 不同产量下气液比对井口、井底密度差的影响

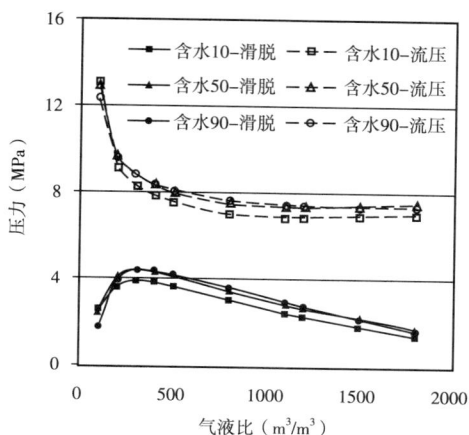

图 14　不同产量下气液比对总滑脱压降及流压的影响

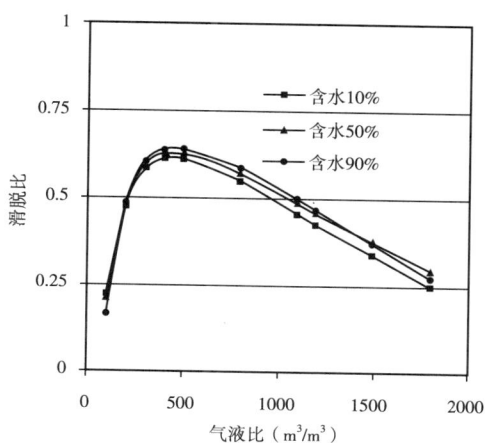

图 15　不同含水下气液比对滑脱比影响

若按产液量为 60m³/d，含水率 50%，对不同油压进行滑脱分析。图 16、图 17 分别给出了不同油压下密度差及滑脱比随气液比的变化（滑脱压降及流压与前趋势一致，油压越高流压越高），从图 16 看，井底滑脱密度随油压增加主要呈递减趋势、随气液比的增加先增加后减小，油压、气液比影响明显；低油压下井口密度差随气液比先减小后增加且高于高油压情况，而高压油下则主要呈先增加后减小。图 17 表明：油压对滑脱比的影响明显，低油压滑脱比明显大于高油压情况。

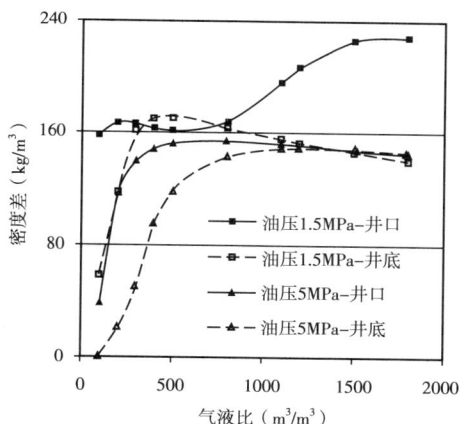

图 16　不同产量下气液比对井口、井底密度差的影响

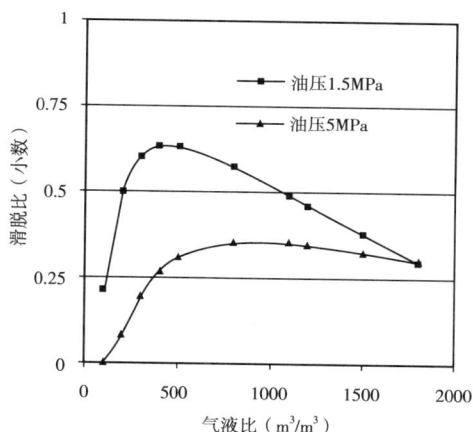

图 17　不同油压下气液比对滑脱比影响

3　结论

（1）本文提出采用滑脱密度、滑脱压降及滑脱比方法分析气举井气液两相管流滑脱损失，并通过实例敏感性分析产液量、含水率及油压等在不同气液比条件下对滑脱损失的影响。

（2）井底流压随总气液比的增加先减小后增大，在产液量和气液比相对较低的区域内，井底流压对产液量和气液比的变化非常敏感，如气举时配气量选择在此范围，生产将很难稳定，在综合考虑产液量和总气液比的情况下，应尽量在较小的井底流压下生产。

（3）滑脱比随气液比的增加先增大后减小。在常规连续气举生产时，一般选择在滑脱比相对较小的区域，以求稳定生产，所以注气量较大，为减小注气量，可采用球塞气举、柱塞气举等能明显减小滑脱的采油、气方法，在综合考虑工作井的产液和注气条件下，选择滑脱比相对较大的区域进行配气生产，能很好地发挥球塞气举、柱塞气举等降低滑脱、大大节省注气量及提高产量的优势。

（4）在低产液量、低压条件下，气举滑脱损失相当严重，同时含水率影响不明显，采用球塞气举或柱塞气举生产不但能降低滑脱损失，同时能减少注气量、提高产液量。

符号说明

ρ_g、ρ_L、ρ_m、ρ_{ns}——分别为气、液密度与气液滑脱及无滑脱混合物密度，kg/m^3；

f——两相摩阻系数；

q_g、q_L、q_m——分别为气、液及混合物体积流量，m^3/d；

D——油管内径，m；

v_{sg}、v_m——分别为气体表观流速及混合物流速，m/s；

H_L、λ_L——分别为持液率、无滑脱持液率；

p——压力（对应下标 0 表示起点压力），Pa；

L——距井底距离（对应下标 0 表示起点位置），m；

Z——气体偏差因子；

T_f——流体温度，℃。

参 考 文 献

［1］H. Dale Beggs. Production Optimization ［M］. OGCI Publications, Tulsa, 1991

［2］Lima, P. C. R. Pig Lift: A New Artificial Lift Method ［R］. SPE 36598

［3］钟海全，李颖川，李成见等. 基于 BP 神经网络的多相管流模型优选及应用分析 ［J］. 中国科技论文在线学报，2008，11：873 ~ 878

［4］Hagedorn A R. and Brown K E. Experimental study of pressure gradients occurring during continuous two phase flow in small diameter vertical conduits ［J］. JPT. 1965, 17 （4）: 475 ~ 484

［5］李颖川主编. 采油工程（第二版）［M］. 北京：石油工业出版社，2009

大斜度井气举投捞模拟试验装置研制

殷庆国

（吐哈油田公司工程技术研究院机械所　新疆哈密　839009）

摘　要： 针对气举采油技术在大斜度井应用中，对气举投捞技术的要求，研发了大斜度井气举投捞模拟试验装置，可以满足井斜80°以内的气举投捞模拟试验要求，配套相应设备后进行了地面不同井斜的气举阀投捞模拟试验，达到模拟现场气举投捞的目的，为实际应用提供了可靠的理论依据和数据支持。

关键词： 大斜度井　试验装置　气举阀投捞试验

随着石油勘探开发领域的不断拓展，气举采油技术在大斜度井上的应用越来越广泛，如冀东油田、中东以及海上油田均有需求。在大斜度气举井中开展气举投捞作业，由于大斜度气举井井身结构复杂，存在钢丝作业起下难度大、投捞工具与管壁的摩擦系数大，井下工具难以对中的问题，影响投捞成功率，严重时还会造成投捞事故。为此针对大斜度井投捞作业特点，研发了大斜度井模拟试验装置，装置可满足模拟大斜度井气举阀投捞作业的要求，对大斜度井的气举开采意义重大。

1　试验装置设计

为模拟油井的不同井斜状况，吐哈油田设计研制了大斜度井模拟试验装置并配套了地面数据监测系统，该装置不但可以模拟 0 ~ 80° 以内的任意井斜角，还可对气举阀投捞试验过程进行实时的跟踪及分析。

1.1　试验装置组成

试验装置设计示意图，如图 1 所示。

试验装置主要由结构框架系统、套管支撑系统、提升系统和关键试验仪器四大部分组成。结构框架系统包括18m井架、水平导轨、垂直导轨和绷绳系统；套管支撑系统包括套管支撑梁和游动小车；提升系统包括电动绞车和板环式拉力传感器；关键试验仪器包括角度仪和拉力传感数显器。

（1）结构框架系统。

井架是整个框架的核心部件，并为加装垂直导轨提供安装位置；水平导轨为套管支撑系统提供水平运行轨道；加装导轨为套管支撑系统提供垂直运行轨道；绷绳系统为整个结构框架提供稳固的支撑力。

（2）套管支撑系统。

游动小车可以实现套管支撑梁水平滑动并停留固定在 0 ~ 80° 的任意角度；套管支撑梁可以安装 7in 、5½in 两种规格的套管，其内可分别配 3½in、2⅞in 的油管，以达到模拟井

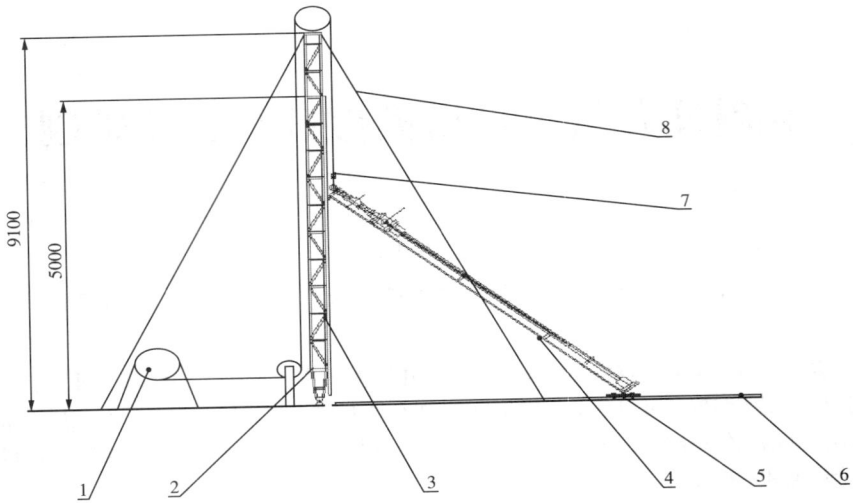

图 1　试验装置示意图

1—绞车；2—18m 井架；3—垂直导轨；4—套管支撑梁；5—游动小车；6—水平导轨；
7—板环式拉力传感器；8—绷绳系统

筒管柱的目的。

（3）提升系统。

电动绞车的功能是通过井架提升套管支撑架，最大提升力可达到 5t；拉力传感器位于绞车与提升套管支撑架之间的连接处，可以随时录取提升系统负荷。

（4）关键试验仪器（图2）。

角度仪放置于套管支撑梁纵向框架上，可读取被测试件的起升角度；拉力传感数显器为拉力传感器的重要组成部件，主要用于录取井架钢丝绳提升负荷。两种试验仪器为模拟试验提供了重要的数据支持。

图 2　角度仪、拉力传感数显器图

1.2　技术参数及工作原理

（1）主要技术参数。

主要技术参数见表1。

表 1　技术参数表

名称	井架高度（m）	垂直导轨长（m）	水平导轨长（m）	试验试件长（m）	提升速度（m/min）	套管支撑梁承重（t）	套管支撑梁尺寸：长（m）×宽（m）	井架垂直、横向载荷（kN）
参数	18	15	16	<14	0~5	<5	14×0.7	<50

（2）工作原理。

18m 井架上加装了15m 垂直导轨，由四根绷绳固定。游动小车安装于水平导轨上，用于实现套管支撑梁的水平滑动。套管支撑梁前端用滑轮定位于15m 长垂直导轨上，后端用绞支装联在游动小车上，将被测试验工具组合安装在套管支撑梁上，由电动绞车起吊套管支撑梁在井架及水平导轨上滑动，套管支撑梁运行到需要试验角度后，由游动小车刹车装置将其固定，可实现 0~80°任意角度的停放及固定。

1.3　强度校核

试验装置设计中对井架和套管支撑梁的强度进行了校核，均满足设计要求，相关参数见表 2。

表 2　相关参数表

名称	井架	套管支撑梁
材料	Q235	Q235
弹性模量	2.1×10^5MPa	2.1×10^5MPa
泊松比	0.3	0.3
承重（包括自重）	4.5T	5T
屈服强度（σ_s）	235MPa	235MPa
许用应力（$\sigma_m\leqslant0.6\sigma_s$）	141MPa	141MPa
夹角 α	套管支撑梁与水平面构成的夹角	

（1）井架强度校核。

应用 ANSYS 有限元软件分析，考虑最大风速为 30.8m/s 的风载，取安全系数 $n=1.67$，建立井架模型如图 3 所示。经过有限元分析计算知，当夹角 $\alpha\geqslant50°$ 时 $\sigma_{max}\leqslant134.7$MPa，小于许用应力 141MPa，井架强度符合要求。当夹角 $\alpha\leqslant50°$ 时，套管支撑梁停止在井架下半部时，应尽可能使井架不承受横向载荷，这时绞车需吊住套管支撑梁，并带载荷大于或等于 0.5 倍的套管支撑梁自重，井架强度也符合要求。

（2）套管支撑梁强度校核。

将套管支撑梁简化成简支梁结构，由简支梁的挠度曲线可得，中间部位挠度和弯矩最大；当夹角 $\alpha=0°$ 时，为套管支撑梁的最危险工况，简支梁的中间部位的挠度和弯矩达到最大值。对套管支撑梁强度进行有限元分析，建立夹角 $\alpha=0°$ 时的模型。如图 4 所示，MX 处应力最大为 102.4MPa，小于许用应力 141MPa，强度满足设计要求。

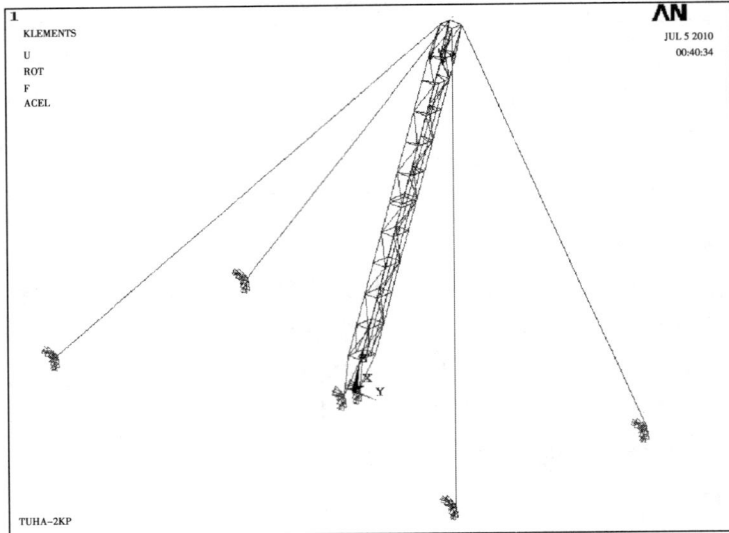

图 3 井架有限元模型图

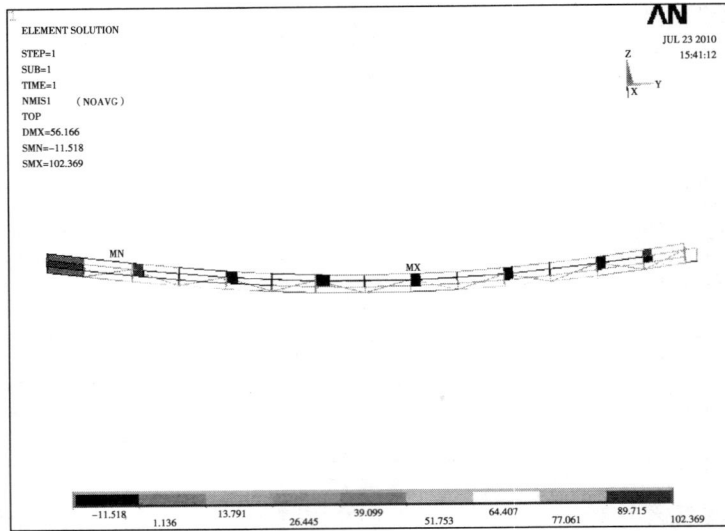

图 4 套管支撑梁最大应力示意图（$\alpha=0°$）

2 装置及配套系统研制

2.1 试验装置研制

（1）井架加装导轨。

井架上配有定滑轮和提升钢丝绳，设计安装有垂直导轨，导轨长15m，采用型钢和槽钢140b制作，由连接杆及U形卡固定。将型钢用U形卡固定在井架背面，再将140b的槽钢焊接在型钢上。对井架进行整体除锈刷漆后再安装拉压传感器，拉压传感器选择两头可直接连接钢丝绳的结构。绷绳安装在已设计好的地锚坑中，经花兰螺栓调节绷绳位置后,再用经纬仪测量井架,以保证井架、加装导轨的直线度小于 10mm。对型材焊接件重要焊缝进行无损探伤测试,满足焊接质量要求。

（2）套管支撑梁。

套管支撑梁为框架式结构,主体用 120mm×120mm×8mm 的无缝方钢焊制,前端用滑轮定位在井架的垂直导轨上,后端以绞支安装于游动小车上,形成了两端支撑结构。安装过程为,首先将套管支撑梁吊到安装位置,以保证前端滑轮固定在垂直导轨槽内,摆正套管支撑梁,将后端安装在游动小车上,起升套管支撑梁,检测其在导轨上运行状况。

（3）游动小车。

在地面导轨上设计制作了游动小车,小车焊有四个刹车装置,配备了四个 M24 的螺帽固定卡,运行到位后拧紧螺帽,固定卡卡在地面导轨上,以固定套管支撑梁。游动小车与套管支撑梁以绞支结构形式安装,实现套管支撑梁的水平滑动,见图 5。

图 5　试验装置图

2.2　地面投捞实时监测系统开发

为了达到大斜度井气举阀投捞作业过程中,井下技术参数的地面录取目的,开发了投捞地面实时监测系统。该系统由井下指重传感器系统、地面数据接收采集系统和配套软件构成。可以实现气举阀井下深度、工具串下放速度和指重的测量以及数据的地面采集功能。

传感器系统包括指重传感系统、深度与速度传感系统,能够同时计量钢丝绳深度、速度和指重,具有较高的测量精度。实时监测系统可以将传感器测试的数据传输到地面数据接收采集系统中,实现了对数据的采集、存储和通讯功能。配套的投捞实时监测软件可完成 Windows 数据回放、实时监控和数据曲线显示,软件操作界面如图 6 所示,操作方便快捷,便于用户处理分析数据。

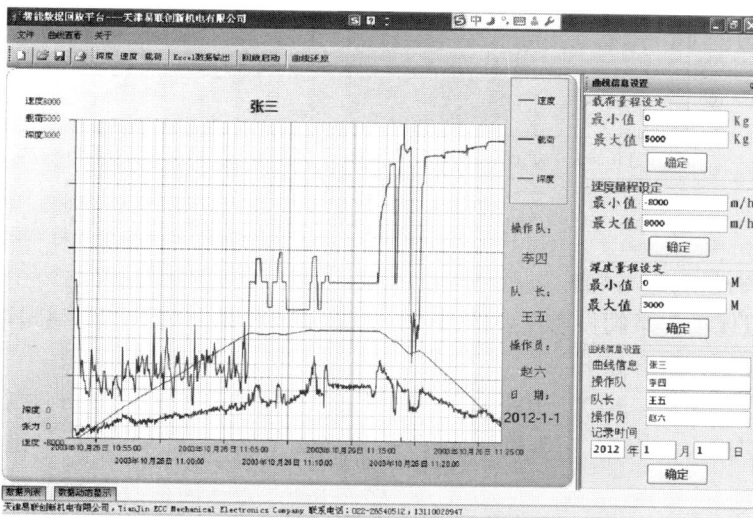

图 6　软件界面图

2.3 投捞绞车配置

在进行气举阀钢丝投捞作业时，需配套地面投捞绞车，投捞绞车可以实现在不同井斜条件下，施予井下工具串一定的动力，并随时录取工具串运动的动力参数。便于技术人员对井下工具串的受力情况、运动情况进行综合分析。表3为绞车主要技术参数。

表3　投捞绞车技术参数表

参数名称	滚筒最大提升能力（kN）	滚筒线速度（m/h）	滚筒线加速度（m/s²）	发动机功率（kW）	指重仪（lb）	液压系统最高工作压力（MPa）
量程范围	13	300～15000	2	93	0～1000	25
备注	在滚筒底径处			约为125马力	误差2lb	

3 模拟试验情况

（1）运行测试。

为了检验试验装置的可靠性，对试验装置进行了运行测试。完成了套管支撑梁的起升试验、固定试验和下放试验。从图7可以看出当套管支撑梁从水平位置起升到80°时，拉压传感器显示的钢丝绳提升负荷达到最小271kg。当起升或是下放到同一角度时，提升载荷基本相同且呈规律性变化，这说明本套试验装置运行平稳无卡阻，滑轮无脱轨现象，且固定牢靠。可以满足井斜80°以下的投捞试验功能要求，为模拟斜井投捞试验提供有力的设备支持。

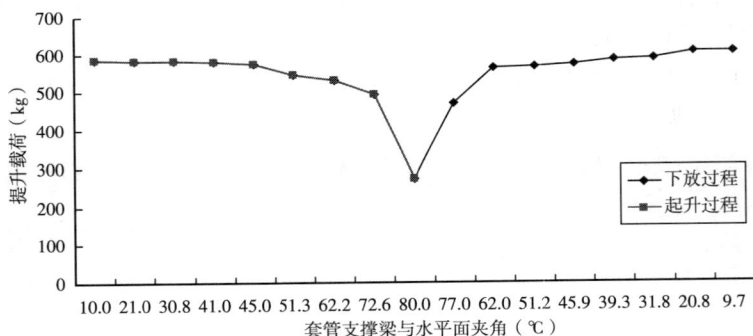

图7　套管支撑梁起、降角度与载荷关系图

（2）气举阀投捞模拟试验。

为达到模拟现场气举阀投捞作业的目的，开展了不同井斜角下的气举阀钢丝投捞试验。配套的试验工具组合如下：

（1）井筒管柱组合：KPX-108偏心工作筒＋2根油管短节＋2⅞in油管＋防喷盒；

（2）工具串组合：绳帽＋2根加重杆＋链式震击器＋活动肘节＋造斜器＋投放工具和捞出工具。

利用研制的大斜度井模拟试验装置，结合现场常规投捞工具组合方式进行了气举阀投捞模拟试验。按照吐哈油田制定的《钢丝投捞作业地面试验规程》中的操作步骤，实施了不同井斜度（30°、40°、45°和54.8°）的气举阀投捞模拟试验，气举阀投入、坐放和捞出安全可靠，四次试验均取得成功。但在实施60°斜角试验时，工具串不能顺利投入气举阀。

以45°井斜投捞过程为例，通过表4可知，工具串组合满足此井斜条件下投入、捞出作业，同时验证了此常规工具串组合在一定井斜角的投捞过程中具有较好的适用性。试验结果表明，研制的大斜度井模拟试验装置为气举阀钢丝投捞作业过程提供了很好的试验条件，可以满足80°以内任意角的气举投捞试验。

表4 大斜度试验装置气举阀投捞试验数据（45°）

	深度计数器值（m）	指重计显示值（lb）	关键点
投入作业	8	132	工具串下入重量
	12	400	造斜拉力
	14	100	阀下端已进入阀袋
	14	562	下震击力（阀进入阀袋的固定位置）
	14	420	剪断投入工具剪销力
	13.5	480	上震击剪断造斜器中释放柱塞中销子
捞出作业	10	125	工具串下入重量
	14	400	造斜拉力
	14	320	轻微向下震击使打捞工具的打捞爪张开卡住打捞头的打捞颈
	14	500	向上震击，剪断打捞头剪销，释放锁领，使阀从偏心袋中脱离出来
	13.5	480	上震击剪断造斜工具中的销子，释放导向块

4 结论

（1）成功研制的大斜度井模拟试验装置，可以模拟0～80°以内的任意井斜角，装置安全可靠，为大斜度井气举采油技术试验研究奠定了基础；

（2）该模拟试验装置，达到了在80°以内任意角度模拟大斜度井气举阀钢丝投捞试验的目的；

（3）地面投捞模拟试验结果表明，在井斜角小于55°的情况下，常规直井投捞工具串组合可成功运用于斜井气举阀投捞作业；

（4）当井斜角大于55°时，需研制新的配套工具串组合来满足井下投捞作业需求，还有待进一步探索。

参 考 文 献

[1] 朱其秀. 国外大斜度和水平井采气（油）工艺技术. 1998（21）

[2] 师啸. 吐哈油田斜井气举技术规模化应用. 中国石油报，2010；2（003）

[3] 魏钰楠. 斜井抽油设备与国内外工艺发展现状. 钻采工艺，2003；2：57~60

[4] 王增进. 国内外斜井举升工艺现状. 石油钻采工艺，1994（3）

[5] 刘洪波等. 气举投捞工艺及应用. 西部探矿工程，2001（06）

气举阀数值试验平台的构建

成志强[1]　刘会琴[2]　丁丰虎[2]　王言聿[1]　陈军[3]

（1. 西南交通大学力学与工程学院　成都　610031；2. 吐哈油田公司工程技术研究院；
3. 中石化集团江汉油田钻井一公司　潜江　430124）

摘　要：气举阀是气举采油系统的核心器件，阀的流量系数、动态特性直接关系到采油的成本和效率。通常在完成气举阀的试制以后，在气举阀实验平台上进行样品阀的流量系数试验和动态特性试验。本文提出构建气举阀数值试验平台的方法，该数值试验平台能够在阀的设计阶段通过数值试验计算阀的流量系数、模拟阀的动态特性，为气举阀优化设计提供依据，节省设计时间，节约试制成本。同时，可为深入研究气举阀的动态行为提供技术支持。

关键词：气举阀　数值模拟　流量系数　动态特性

气举是利用地面注入的高压气体将井内原油举升至地面的一种人工举升方式，在采油领域有着较广泛的应用，在稠油开采方面具有独特优势。气举阀是气举采油系统的核心器件，其流量系数和动态特性直接关系到采油的成本和效率。通常在完成气举阀试制后，在气举阀试验台上完成流量系数试验和动态特性试验，根据试验结果改进设计，再应用改进的气举阀进行试验，如此反复，直到气举阀的性能达到设计目标。气举阀波纹管刚度、波纹管预压力、阀腔结构、阀孔尺寸等与气举阀性能密切相关。由于影响气举阀性能的因素较多，传统试验方法周期长、耗资大。本文提出气举阀数值试验平台的构建方法，通过数值试验在设计阶段获得气举阀的流量系数和动态特性，可缩短新产品开发周期，节约成本，提高对气举阀动态特性的认识。本文研发的数值试验平台可推广应用于各类阀件，用于流量系数的预测，进行动态特性数值试验。

1　气举阀数值试验平台的构建

气举阀特性与阀腔结构、波纹管尺寸、阀孔尺寸等直接相关，建立气举阀阀腔几何模型是构建数值试验平台前提，某套压控制型气举阀阀腔的几何模型分离图如图1所示，四个注气口均匀分布于上部阀腔周向。阀球、阀杆和波纹管连为一体，文中简称为"波纹管总成"，位于注气口附件的上部阀腔中，具体位置取决于注入压力、生产压力、波纹管刚度和波纹管预压力。单向阀位于气举阀下部阀腔，其预压力很小，其功能是防止井底油水混合物倒流进入气举阀。气举采油作业时，压缩机把氮气从井口泵入油套环形空间，环形空间内的高压氮气从气举阀周向注气口注入，波纹管总成受压。当压力增大到一定值，波纹管的上行力超过波纹管的预压力后，阀杆便开始上行，阀球离开阀座使阀腔上、下部分连通，气举阀呈开启状态。阀腔中的高压氮气开启单向阀后注入油管，与油管中的油水等液体混合，降低油水混合液的密度，起到卸载作用。

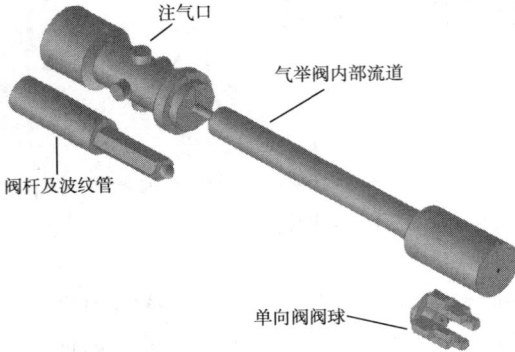

图 1 气举阀结构图

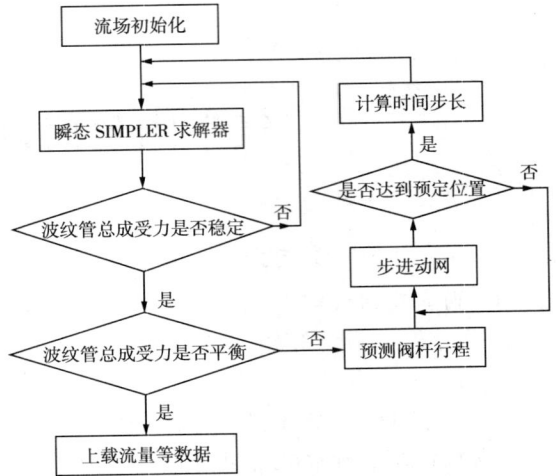

图 2 气举阀流量求解策略

高压氮气在气举阀阀腔中的流动通常属于高速可压缩流，控制方程包括质量守恒方程、动量守恒方程、能量守恒方程，方程形式分别如式（1）–式（3）式所示。

$$\frac{\partial \rho}{\partial t} + \nabla \cdot (\rho V) = 0 \qquad (1)$$

质量守恒方程（1）中 ρ 为密度，t 为时间，V 为速度。

$$\frac{\partial (\rho V)}{\partial t} + V \cdot \nabla(\rho V) = -\nabla P + \nabla \cdot \sigma + F_{\mathrm{Re}} \qquad (2)$$

动量守恒方程（2）中 σ 为应力张量，F_{Re} 是雷诺应力相关项。

$$\frac{\partial (\rho T)}{\partial t} + \nabla \cdot (\rho V T) = \nabla \cdot \left(\frac{k}{c} \nabla T \right) + S \qquad (3)$$

能量守恒方程（3）中 T 为温度，k 为热传导系数，c 为比热，S 热源项。

$$P = \rho R T \qquad (4)$$

式（4）是理想气体状态方程，R 是气体常数。

开发气举阀数值试验平台的目的是为流量系数试验和气举阀性能试验提供技术支持，其中气举阀性能试验包括稳定注入压力试验和稳定生产压力试验。在一定进出口压力条件下，由于波纹管总成位置与阀腔内流场之间的耦合作用，无法直接准确计算阀杆行程，需假设初始阀杆行程以确定初始的阀腔内边界，即确定初始的流体求解域。鉴于流量问题求解具有复杂的流固耦合特性，本文采用图 2 所示的求解策略计算气举阀流量。首先根据气举阀的进出口压力边界条件，对求解域的速度场、压力场进行初始化；然后应用 Fluent 软件的瞬态 SIMPLER 算法求解器计算速度场和压力场，考虑气体在阀腔内流动具有湍流效应，使用简单高效的 Spalart – Allmaras 一方程模型计算湍流相关项。在解算得到稳定的流场后，判断前后时间步波纹管总成所受的压力 F 是否稳定。若波纹管总成受力不稳定则应用瞬态 SIMPLER 算法继续求解，若稳定则判断波纹管总成气压力与波纹管的弹性力是否平衡。在任意时刻，波纹管总成所受气体压力与波纹管的弹性力、波纹管总成的惯性力、波纹管的阻尼力构成平衡关系。当波纹管总成处于平衡稳定状态后，波纹管总成的惯性力和波纹管的阻尼力均为零，波纹管总成所受的压力与波纹管的弹性力平衡。若波纹管总成处于平衡状态则停止求解，上载气举阀流量、波纹管总成压力、阀杆行程等数据；若不平衡，则需预测阀杆位置，对气举阀模型进行分步动网，即分步移动波纹管总成至预测位置。开发的 UDF 程序根据流场状态计算下一时间步长后，应用 Fluent 软件的瞬态求解器继续计算。阀杆位置的预测根据当前阀杆位置下流体压力场对阀杆的作用力与波纹管弹性力的平衡关系计算：

$$dX = \frac{F_b - F_o}{B_{1r}A_b} \tag{5}$$

式中 dX——阀杆行程，即阀杆自阀座移动的距离；

      F_b——波纹管总成所受压力；

      F_o——是波纹管弹性预压力；

      B_{1r}——波纹管刚度，即波纹管单位行程所需的压力增量，由探针测距试验获得；

      A_b——为有效波纹管面积。

值得注意的是，波纹管总成的壁面压力场并非绝对均匀场，文章基于 Fluent 软件开发 UDF 程序，在波纹管总成的壁面上对压力场进行积分求得 F_b。另外，执行动网时为防止网格的畸变量过大，在 UDF 程序中分若干次执行动网操作使阀杆达到预定行程。

2   数值试验平台的应用

2.1   流量系数的确定

流量系数是在一定的阀杆行程、注入气体、温度条件下，通过测量气举阀进出口压力、流量计算得到。具体计算方法参见中华人民共和国石油天然气行业标准"气举阀性能试验方法 SY/T 6400—1999"[7]，如公式（6）所示：

$$YC_v = q\,[\,S_g(T_1 + 460)Z_1/X\,]^{1/2}/[\,1360 \times (P_1 + 14.7)\,] \tag{6}$$

式中 Y——膨胀系数；

      C_v——流量系数；

      q——在 101kPa 和 15.5℃标准状态下每小时标准立方米流量；

      S_g——气体相对空气的密度；

      T_1——注入口温度；

      Z_1——注入口压缩系数；

      X——注入口与出口的压力比，即：

$$X = (p_1 - p_2)/(p_1 + 14.7) \tag{7}$$

式（7）中 p_1 为气举阀注入口压力，p_2 是出口压力。

由公式（6）可见，在温度已知、气举阀进出口压力一定的情况下，若流量已知便可计算流量系数。以图 1 所示气举阀为例建立数值分析模型，以理想氮气为注入气体，在阀杆行程为 1mm，环境温度为 27℃的条件下，任意设置不同的入口和出口压力，进行流场计算，以验证数值模型的有效性和强壮性。

表1　阀杆行程为1mm时不同入口/出口压力下阀腔内最大的流动速度和流量

序号	入口/出口压力（kPa）	压差（kPa）	最大流速（m/s）	流量（kg/s）×10⁻³
1	401/400	1	17.5	0.54
2	405/400	5	39.2	1.21
3	410/400	10	55.2	1.7
4	430/400	30	95	2.99
5	450/400	50	120	3.93
6	500/400	100	165	5.58
7	600/400	200	221	8.08
8	700/400	300	261	10.32
9	800/400	400	292	11.76
10	900/400	500	304	12.58
11	1000/400	600	319	14.2
12	1200/400	800	338	16.9
13	1400/400	1000	341	18.8
14*	1400/1000	400	214	17
15*	7000/6600	400	95.5	39.9

　　由于流量系数试验是在固定阀杆行程的情况下进行，不涉及流固耦合问题，可用Fluent自带的SIMPLER求解器直接求解。出入口压力值和流速、流量模拟结果如表1所示。由模拟结果可知，随进出口压差的不断增大，流体的最大速度值增加，最大速度并不随进出口压差的增大线性增长，而是以低于线性增长率的速度增加。在流体最大速度小于声速的情况下，最大速度均发生在阀孔流道中，最大速度发生点随进出口压差的增大向下游移动。在进出口压差为1000kPa时，最大速度341m/s发生在阀孔下游出口处，显示出"拉瓦尔管现象"。同样，阀杆行程分别固定为0.5mm、2mm和3mm时，在不同的进出口压力工况下，模拟得到气举阀流量。基于四个固定阀杆行程共33种工况的模拟结果，应用公式（6）处理可得 $X-YC_v$ 关系曲线，如图3所示。根据"气举阀性能试验方法SY/T 6400—1999"，$X-YC_v$ 曲线的拟合线与 YC_v 轴交点的纵坐标值便是流量系数 C_v 值。

　　根据流量系数定义，在一定试验温度、阀杆行程和确定的试验气体条件下，C_v 仅与阀腔的结构相关，与 p_1、p_2 的取值无关，即在一定的阀杆行程下仅有唯一的流量系数 C_v 值。为了检验计算模型的正确性，在阀杆行程固定为1mm时，特别增加了进出口压力为1400/1000kPa和7000/6600kPa两种工况，参见表1中的14*和15*工况。把相应的进出口压力及流量模拟结果代入公式（6）计算这两种工况的 X 和 YC_v 值，由图3可以看出，这两点的数值与图3中阀杆行程1mm时的 $X-YC_v$ 曲线的拟合线完全吻合，流量系数具有唯一性，从而证实了计算模型的正确性。

在得到各阀杆行程唯一的 C_v 值后，便可绘制阀杆行程和流量系数的关系曲线，参见图 4。由图 4 可见，在阀杆行程为 2mm 时，其 C_v 值为 2.58；在阀杆行程为 3mm 时，其 C_v 值为 2.63。这样可以确定 2mm 的阀杆行程就是全开阀杆行程。

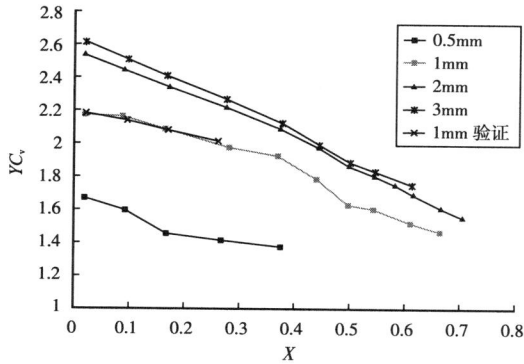

图 3　不同阀杆行程下的 X – YC_v 的关系　　　　图 4　阀杆行程和流量系数的关系曲线

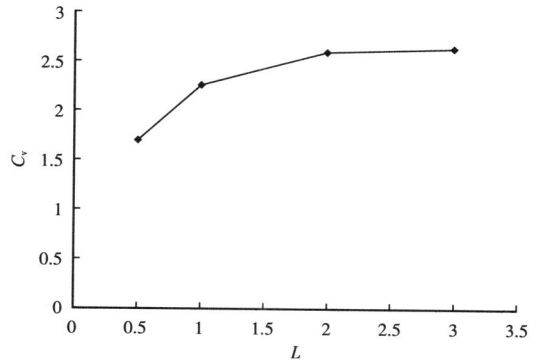

2.2　气举阀动态特性的数值试验

2.2.1　稳定注入压力数值试验

稳定注入压力工况是气举作业的一种典型实际工况。文章以理想氮气为注入气体，注入压力固定为 7000kPa，假设阀杆行程为 1mm，环境温度为 27 ℃ 的条件下，逐渐减低出口压力，应用 Fluent 软件进行稳定注入压力数值试验。由模拟结果可知，入口压力保持 7000kPa 时，随着出口压力的下降，流量增大。当出口压力下降到 4000kPa 时，流量达到 90.5×10^{-3} kg/s；当出口压力下降到 3000kPa 时，流量达到 94.7×10^{-3} kg/s；当出口压力下降到 2000kPa 时，流量增量仅为 0.4%，"流量堵塞"现象出现。另外，由波纹管总成受力的模拟结果可知，在保证稳定入口压力的情况下，波纹管总成受力基本保持不变，这样阀杆行程也基本固定，从而验证了文献［7］中的阀杆行程计算公式在稳定注入压力工况下的正确性。流量随出口压力变化的模拟结果如图 5 所示，显示出直观的"流量堵塞"现象。

2.2.2　稳定生产压力数值试验

稳定生产压力工况是在稳定的出口压力条件下下改变注气压力，是气举阀的另一典型实际工况。由于注气压力的改变不仅会改变进出口压差，而且显著影响阀杆行程，这一类工况由于涉及流固耦合问题，较稳定注入压力试验更为复杂。为验证气举阀试验平台的有效性，假设波纹管刚度和预压力分别为 69N/mm 和 105N。注意文章中气举阀波纹管刚度、预压力以及进出口压力的取值仅为验证气举阀试验平台的功能和有效性，而非现场作业的真实数据。在出口压力固定为 400kPa，注入口压力分别取 410kPa、500kPa、700kPa 和 900kPa 时进行数值试验，应用计算所得质量流量数据绘制入口压力—流量关系曲线，如图 6 所示，在出口压力一定时，流量并非随入口压力或出入口压差的增加而线性增长，而是以低于线性增长的增长速度增长，有"流量堵塞"的趋势，与"气举阀性能试验方法 SY/T 6400—1999"中典型曲线趋势一致。通过对阀杆行程的模拟可知，在阀杆行程小于 1mm 时的稳定生产压力工况，文献［7］中应用气举阀进出口压力与波纹管弹性力的平衡计算阀杆行程的公式比较准确，但当阀杆行程大于 1mm，由于阀球周边的压力近似于注入压力，应用进口压力与波纹管弹性力的平衡计算阀杆行程更准确。

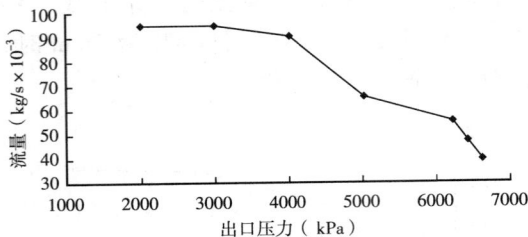

图5 稳定注入压力时的出口压力—流量关系曲线

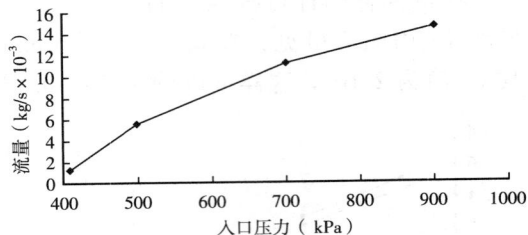

图6 稳定生产压力时的入口压力—流量关系曲线

3 结论

本文构建了气举阀数值试验平台，该数值平台能够在阀的设计阶段通过数值试验计算阀的流量系数、模拟阀的动态特性，为气举阀结构的优化设计、波纹管刚度和预压力的选取提供依据，节省设计时间，节约试制成本。同时，数值平台为深入研究气举阀的动态行为提供技术支持。另外，文章研发的数值试验平台可推广应用于各类阀件，用于流量系数和动态特性预测。

参 考 文 献

［1］许宁，郭秀文．国外人工举升技术新进展［J］．国外油气田工程，1999，(10)：9～13

［2］窦宏恩．新的气举举升技术［J］．石油机械，2004，32 (3)：52～53

［3］D. Hong'En, C. YuWen, H. Dandan. Application of gas lift to heavy - oil reservoir in Intercampo Oilfield, Venezuela［P］. SPE/PS - CIM/CHOA 97370, Canadian Heavy - oil Association, 2005, Nov. 1 - 3, 1～4

［4］万朝晖．气举阀特性试验与数据关联［J］，国外油气田工程，1994，(5)：48～55

［5］马祥凤，魏瑞玲，李霖等．气举阀动态特性试验与研究［J］，石油机械，2005，33 (5)：4～6

［6］王福军．计算流体力学动力学分析［M］．清华大学出版社．2004

［7］中华人民共和国石油天然气行业标准．气举阀性能试验方法 SY/T 6400—1999. 2000

工 艺 技 术

气举排液参数优化设计研究

廖锐全　刘　捷

（长江大学石油工程学院　湖北荆州　434023）

摘　要：气举排液是通过向油套环空注入高压气体，经过气举阀进入油管，从而降低井筒内流体的密度，达到将井筒内液体排出地面的目的。目前，气举排液所用的高压气体一般是制氮车提供的高压氮气。

气举排液从原理上来说与气举采油的卸载过程[1]是一样的，在气举参数设计上可以采用气举采油成熟的设计方法。但气举采油的最终目的是建立起地层供液和井筒气举排液的协调关系，使油井能稳定生产。而气举排液的目的只是将井筒内的液体和井底周围的"污物"排出地面即可。在进行气举排液设计时要特别注意两点：一是在排液作业过程中应尽量避免流体进入地层，引起新的储层伤害。因此，在进行气举排液设计时应尽量控制注气压力，尽量减少由于注气压力过大引起井液灌入地层的量，尤其要避免发生将地层压裂的情况。二是对于疏松地层或压裂井等，在排液过程中，要适当控制井底流压，避免由于井底流压太小而导致发生出砂等问题的出现。

1　气举工艺参数设计方法

气举工艺参数设计主要包括气举阀的分布和气举阀参数设计。气举设计方法很多，普遍的可以归结为降低注气压力设计方法和可变流压梯度设计方法。

在采用小油压系数的气压控制阀，且可利用的注气压力大于气举深度所需要的压力时，应该采用降低注气压力设计方法，这种方法可以减少多点注气的发生。

长庆油田目前采用的制氮车的出口压力达到 17～20MPa，对于长庆油田的油井气举排液来说，已经很充分，所以在设计方法上采用降低注气压力设计方法。

1.1　确定气举阀的分布

在卸载过程中，各气举阀间的地面打开压力降取为定值，顶部气举阀的深度 h [1] 由下式计算：

$$h[1] = \frac{p_{ks} - p_{wh}}{\rho_s}$$

式中　h [1]——第一个气举阀的深度，m；

　　　p_{wh}——井口压力，MPa；在排液过程中，地面排液管线的压力损失可以忽略，即 p_{wh} 可以近似地看成等于 1 个大气压。

　　　ρ_s——井液密度，$10^{-5}kg/m^3$；

p_{ks}——启动压力，MPa；如果是采用开式气举，最大启动压力为

$$p_{ks\,max} = p_p - p_r - p_s$$

其中，p_p——地层的破裂压力，MPa；

p_r——地层压力，MPa；

p_s——启动之时井口到液面段的气柱所产生的压力（如果液面在井口，则 $p_s =$ 0），MPa；

在排液过程中，启动压力过大，会导致将井液灌入地层引起的伤害；启动压力过小，又会限制注气深度，不能顺利地把井液排空。因此，在设计时需要先确定合理的启动压力。这个压力即是能将井液顺利卸载到预定位置的启动压力，可以采用下式估算：

$$p_{ks} = h_{max} \times 0.004 + \frac{h_{max}}{500} \times 0.3 = 0.0046 h_{max}$$

式中　h_{max}——允许的最大注气深度，m。

比如如果注气深度限定在 2000m，则可初步确定启动压力有 9.2MPa 就足够，如果注气深度限定在 3000m，则可初步选定启动压力为 13.8MPa。最优的启动压力需要通过敏感参数分析确定。

而最大注气深度 h_{max} 可以根据允许的最小流压 p_{wfmin} 估算。

由　　　　　　　$$(H - h_{max})\rho_s + h_{max}\rho_{min} = p_{wf\,min}$$

有　　　　　　　$$h_{max} = H\left(\frac{\rho_s}{\rho_s - \rho_{min}}\right) - \frac{p_{wf\,min}}{\rho_s - \rho_{min}}$$

其中，ρ_{min} 为气举排液到最后阶段注气点以上所能达到的平均最小混合物密度，建议取为 0.2/100。例如，假定有一口井的 $H = 2000m$，$\rho_s = 0.01$，$p_{wfmin} = 5$，则由上述方法可以算出 $h_{max} = 1875m$。

需要注意的是，用上述式子计算出的最大深度有可能比井深还大，说明即使是气体从井底注入，井底流压也不会降低到允许的最小井底流压。这时就设定井底作为最大注气深度。

其他气举阀的深度由下式求出：

$$h[i] = \{h[i-1]\rho_s + p_{so}[i-1] - P_t(i-1)\}/(\rho_s - G_g)$$

式中　$h[i]$——第 i 个气举阀的深度，m；

$p_{so}[i]$——第 i 个气举阀的地面注气压力，MPa；

G_g——套管内气柱的压力梯度，MPa/m。

在具体设计过程中，由于注气点未知，设计油压线不能一次定出，因而采用迭代法进行设计。先用最小油压线分布气举阀，求出总阀数和注气点，再以此为初值，进行降注气压力法的迭代计算，直到注气点不变为止。

气举阀的打开、关闭压力、调试架打开压力等参数的确定，与常规气举设计相同[2]。

1.2　气举工艺参数优化定

对于气举排液，影响气举效率而又能够人为控制的工艺参数主要是注气压力、注气量、气举阀孔径。设计时可以通过对这些参数进行敏感参数分析，实现参数优化的

目的。

（1）注气量的优化。

如图1所示，注气量的大小会影响到管内流体的流态，因而也影响到气体的举升效率。一般来说，在段塞流和扰流区，举升效率较高，到了环雾流以后，注气量越大，摩擦损失越大，举升效率越低。

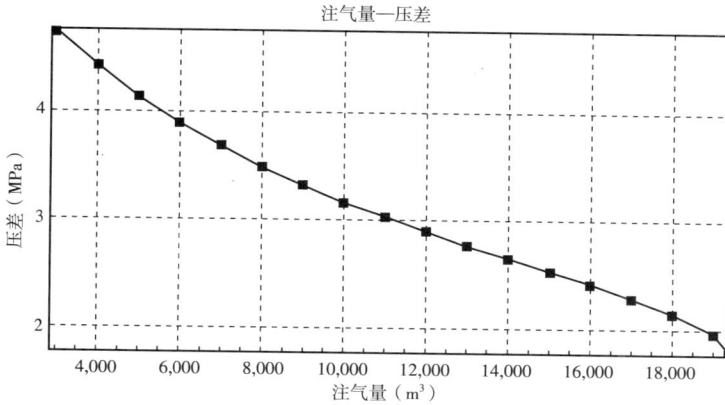

图1　注气量与气举压力损失关系

（2）注气压力的优化。

如图2所示，注气压力的大小影响到注入气体的压能和膨胀能，因而也会影响到举升效率。

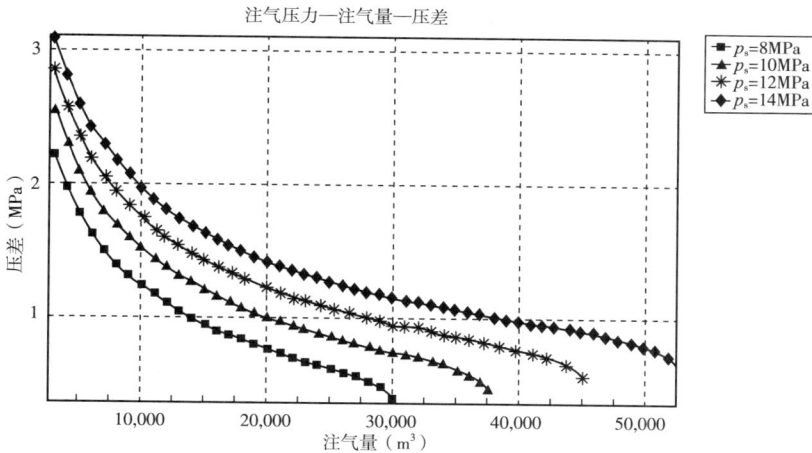

图2　不同注气压力下注气量与气举压力损失关系

（3）气举阀孔径的优化。

如图3所示，气举阀孔直径大小会影响到容许的过气量和过阀压差，因而影响到气举效率。对于气举排液来说，可以采用孔径稍大一些的气举阀，也可以直接采用孔径稍大一些的单流阀。

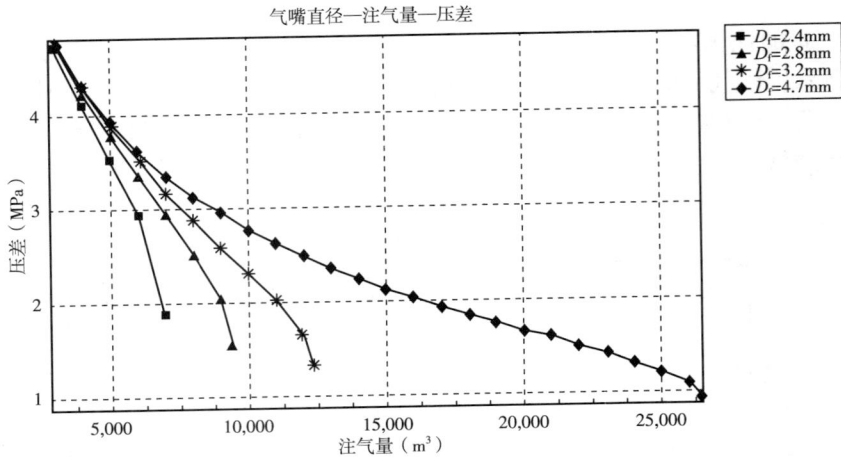

图3　不同气嘴直径下注气量与气举压力损失关系

2　气举排液优化设计软件开发及实例计算

以井筒压力温度计算方法、气举排液参数设计方法为基础，开发"气举排液优化设计软件"。软件主要包括：数据管理、多相管流、气举排液设计等部分功能。数据管理中包含"油管数据"、"套管数据"、"气举阀数据"和"油井数据管理"，分别储存了目前常用的套管、油管、气举阀的结构参数和设计计算所需用到的油井的静态和动态数据。

以一口井为例，设计基础数据见表1。

表1　基础数据

井深（m）	1650	油相对密度	0.867
油管内径（mm）	62	水相对密度	1
套管内径（mm）	125.7	气相对密度	0.65
饱和压力（MPa）	6.43	压井液相对密度	0.867
设计液量（m³/d）	5	地层压力（MPa）	13.86
地层温度（℃）	51	采液指数（m³/（d·MPa））	0.6
地温梯度（℃/m）	0.025	气油比（m³/m³）	48.5
井口压力（MPa）	1	注气温度（℃）	40
封隔器深度（m）	1550	阀间压差（MPa）	0.3
含水率（小数）	0.444	注气压力（MPa）	7.36
压力算法	Mukh - Beggs 法	温度算法	Segar 法

有了油井基础数据后，还需要确定设计数据。比如，对于注气启动压力，假定本井最大注气深度为1600m，根据前面所述，可以估算出注气启动压力：

$$p_{ks} = 0.0046 h_{max} = 0.0046 \times 1600 = 7.36$$

设计数据确定后，开始设计，可以得出如下设计结果（表2、表3）。

表 2　设计结果

产液量 m³/d	7.2	注气量（m³/d）	10014.07
注气深度（m）	1550.47	井底压力（MPa）	1.99

表 3　气举阀设计结果

阀序号	深度（m）	温度（℃）	注气压力（MPa）	阀关闭压力（MPa）	阀打开压力（MPa）	试验架打开压力（MPa）	阀直径（mm）
1	809.28	30.65	7.36	7.85	7.86	7.73	3.2
2	1319.99	43.41	7.06	7.84	7.85	7.37	3.2
3	1550.47	49.08	6.76	7.64	7.65	7.05	3.2

3　总结

针对气举排液的特点，以常规气举设计方法为基础，提出了气举排液设计方法。指出气举排液设计需要特别考虑的问题是要防止将井液大量压入地层导致地层污染，又要避免将井底压力降得太低造成地层出砂等问题。根据笔者对气举的研究和实践经验，提出了估算启动压力的计算方法，供实际应用时参考。对影响气举排液效率的注气量、注气压力，在敏感参数分析的基础上进行优选。

参 考 文 献

［1］ Liao Ruiquan, Dynamic Simulation of the Producing Process of Gas – lift Well System, Intelligent & Complex Systems, Watam Press. Waterloo, Published as an added volume to DCDIS, ISSN 1492 – 8760

［2］ 深井连续气举系统的参数设计及优化配气方法. 第一，中国海上油气（工程），1999（1），51～56

气举排液采气技术在西北油田深层气井的应用

曾文广[1]　姚丽蓉[1]　李　衍[1]

劳胜华[1]　黄　成[2]　蔡　洪[2]

(1 中国石化西北油田分公司工程院　新疆　乌鲁木齐;

2 中国石化西北油田分公司雅克拉采气厂　新疆　库车)

摘　要: 本文针对西北油田深层气井生产存在的问题,进行了气井积液停喷原因分析,通过 YK12 等 9 口井的气举排水采气技术现场试验评价分析,认为气举排液采气技术排液快、排液效果好,气井作业后气举排液 26h 后即自喷生产。在气井停喷后,可利用高压邻井气或制氮拖车进行周期性排液,能够使停喷气井恢复生产和保持高含水气井稳定生产。

关键词: 边底水　凝析气藏　气举　排水采气

1　西北油田凝析气藏特征

西北油田先后开发了雅克拉、大涝坝、S3 - 1 区块、YL2 区块、AT11 - AT12 区块、THN1 区块、及 AT1 区块等 11 个凝析气藏区块,这些凝析气藏储层岩性以长石岩屑砂岩、砂质砾岩为主,砂体厚度 60 ~ 100m 左右,砂体呈厚层状,泥岩、粉砂岩较少,自下而上由多个正韵律沉积旋回组成。储层孔隙发育,孔隙类型以粒间孔隙为主,见微裂缝、裂缝。孔隙度 24% ~ 28%,渗透率(256 ~ 1024)× 10^{-3} μm^2,垂直渗透率与水平渗透率值接近。油气层中部深度 4100 ~ 5200m,地层压力高,达 54MPa。但气水无明显边界,气层下边界即是气水界面,无隔挡层。气藏底部有 40 ~ 70m 左右的水层,水体分布范围较广,水体能量较大,地层能量供给充足,气藏驱动类型以弹性驱和水驱为主。

2　气井井底积液现状及原因分析

西北油田现有的 91 口气井中 50% 以上的气井生产存在生产含水及井底积液问题,其中有 23 口井因井筒积液或生产高含水停喷停产(表1)。部分井虽然转电泵或抽油机生产,但却因高产水高含水而关井,其余气井停喷后直接关井。根据停喷气井的生产数据与测试资料分析,气井生产存在井底积液的主要问题及原因如下。

第一作者简介:劳胜华,男,1969 年 6 月生,高级工程师。1993 年毕业于江汉石油学院采油工程专业。现中石化西北油田工程技术研究院工作,从事采气工艺技术研究工作。通信地址:新疆乌鲁木齐长春南路 466 号,邮编 830002,电话:0991 - 3160970,E - mail:laoshenghua@ QQ. com。

表1　西北油田气藏压力下降情况统计表

区块名称	原始地层压力（MPa）	2005 年	2006 年	2007 年	2008 年	2009 年	2010 年
雅克拉	58.7	56.03	56.06	52.26	52.29	51.7	49.82
大涝坝	56.9	55.4	53.66	50.07	45.6	42.28	42.28
S3-1 区块	56.1			52.02	50.2	44.27	39.91

（1）气藏采用衰竭式开采，随着气田的开发，气藏压力将逐渐下降，尤其是高的采气速度（前期采气速度达 5% 以上）导致了气藏压力的快速下降（地层压力最大下降 10MPa 以上），从而导致气井产能的急剧降低及凝析油的地下析出，造成气井生产产量下降及生产能力的降低。

（2）产气量的降低必然导致气井生产携液能力的降低，当产气量低于气井临界携液产量时，将会造成气井井筒积液。尤其是高的地层水密度，油气水混合流体在井筒流动过程中，滑脱损失会更加严重，更易形成气井井筒积液，当液柱压力平衡地层压力后就造成气井停喷。西北油田气藏埋深 4100 ~ 5600m，地层水矿化度高（达 200000mg/L）、地层水密度大（1.18g/cm^3），井筒积液液柱压力梯度大，积液严重影响气井生产。2010 年以来有 13 口气井因积液等原因停喷停产，未来随着地层压力的下降及气井产量的降低，积液停喷气井会越来越多。

西北油田积液停喷气井的井筒压力梯度测试显示（表2），气井生产积液一般都在 3000m 以下井段，其主要原因是油藏埋藏深度深，油藏埋深在 4200m 以上，3000m 以下井段积液所造成的压力损失即可达 12 ~ 20MPa 以上，高的压力损失必然会造成气井生产产量的降低，甚至停喷。

表2　气井流压梯度测试结果

井深（m）	YL2-1 井	2010.12.18	S3-1 井	2010.12.21
	压力（MPa）	压力梯度（MPa/100m）	压力（MPa）	压力梯度（MPa/100m）
0	6.69		0.18	
300	7.38	0.23	0.18	0.00
600	8.14	0.25	0.18	0.00
900	9.00	0.29	0.19	0.00
1200	9.81	0.27	0.20	0.00
1500	10.68	0.29	0.20	0.00
1800	11.60	0.31	0.21	0.00
2100	12.62	0.34	1.61	0.47
2400	14.46	0.61	4.66	1.02
2700	16.48	0.67	7.71	1.02
3000	18.64	0.72	10.76	1.02
3300	20.86	0.74	13.81	1.02
3700	23.88	0.76	17.86	1.01
4000	26.26	0.80	20.90	1.01
井底	32.59	0.81	25.95	1.01

（3）气藏构造小，各凝析气藏均是边底水气藏，边底水发育，水体体积大。气层底界既是气水界面，气藏压力的轻微下降就会导致地层水的上升或边部突进，造成气井生产含水的急剧上升及大量产出地层水，使气井生产高含水或高产水停喷停产。

3 气井气举排液采气措施对策

西北油田积液停喷气井日产液量基本上都低于60t/d，产气量2000～8000m³/d，部分气井日产气达10000m³/d以上，生产气液比达300m³/m³以上，比较适合气举排水采气技术的应用。根据气举生产原理及举升能力分析，能够利用较少的注气量即可有效降低井筒的压力梯度，排出井底积液，能够达到排水采气的目的，可保证气井的稳定和正常生产。气举排水采气技术在西北油田积液停喷气井及生产高含水气井上应用是可行的，且是有效的技术措施。雅克拉、大涝坝区块可利用该区块的高压气井进行临井气气举排水采气，充分利用气井压力能量，节约压缩机的投资与管理费用，该技术投资低，经济实用。THN1区块、AT11区块、YL区块及S3-1区块则需要采用小型压缩机气举，补充气井自喷能力所需要的能量，恢复气井生产。

另外，针对边底水气藏地层水的突破造成生产高含水的气井，利用气举排水采气降低水层压力，避免高压力的边底水封闭低压气层，可解决气井生产高含水或暴性水淹致使气井停止生产的问题。目前THN1区块、AT11区块边底水的突破已经造成THN1、THN2井、THN5H井、THN6H井、THN9H井、AT11-7H井等十几口气井生产高含水而停喷停产，给油田生产带来较大的问题，严重影响了气田的整体开发效果和效益。现场急需开展生产高含水气井的气举排水采气工艺技术措施。但对于高产地层水的气井，尤其是日产液量100m³/d以上的高产液气井，其气举所需注气量较大，气举时不宜过度追求井筒的压力梯度及排液深度，应以适度排液为目的，提高气举的适应性和经济性。

4 气举排水采气技术试验及应用

自2009年以来，西北油田先后采用连续油管配套制氮拖车气举技术进行了11井次的井底积液气井和积液停喷气井气举排液采气试验，除AT11-7H、YL2-1、DLK7、DLK9井因生产高含水或低产未能正常生产外，其余气井都取得了较好的气举排液采气效果，气井恢复了正常生产，单井生产产量得到显著的提高，见表3。

表3 西北油田气井气举排液采气效果统计表

序号	井号	日期	存在问题	作业类型	效果
1	DLK1X	2009-6-6	井底积液	连续油管制氮拖车气举	恢复正常生产
2	DLK11	2009-6-8	井底积液	连续油管制氮拖车气举	恢复正常生产
3	YK12	2009-5-19	积液停喷	连续油管制氮拖车气举	恢复正常生产
4	DLK9	2009-11-1	积液停喷	连续油管制氮拖车气举	恢复正常生产
5	YK12	2010-1-13	积液停喷	连续油管制氮拖车气举	恢复正常生产
6	DLK9	2010-4-10	积液停喷	连续油管制氮拖车气举	低产停喷，后转层生产

序号	井号	日期	存在问题	作业类型	效果
7	YL2-1	2010-7-5	积液停喷	连续油管制氮拖车气举	低产停喷关井
8	DLK7	2010-11-30	积液停喷	连续油管制氮拖车气举	恢复生产后很快停喷
9	AT11-7H	2011-2-6	积液停喷	气举阀制氮拖车气举	生产高含水关井
10	TH10419	2010-11-25	积液停喷	连续油管制氮拖车气举	恢复正常生产
11	DLK5	2011-5-2	积液停喷	气举阀制氮拖车气举	生产高含水关井

（1）YK12井。

如图1所示，YK12井2009年5月初生产油压5MPa，日产气3000m³/d左右，日产液180 m³/d左右，含水95%，后因井筒积液，日产量逐渐下降，至5月7日油压落零停喷。5月19日采用连续油管制氮拖车气举，气举排液后生产油压由1.5MPa上升至10MPa以上，初期日产气达20000m³/d以上，日产液200 m³/d左右，含水95%，气井恢复自喷生产。一直到2009年11月28日，该井又因井筒积液油压落零停喷。2010年1月14日第二次采用连续油管制氮拖车气举，气举排液后日产气10000m³/d以上，日产液80 m³/d左右，含水90%，气井再次恢复自喷生产。目前该井生产稳定。

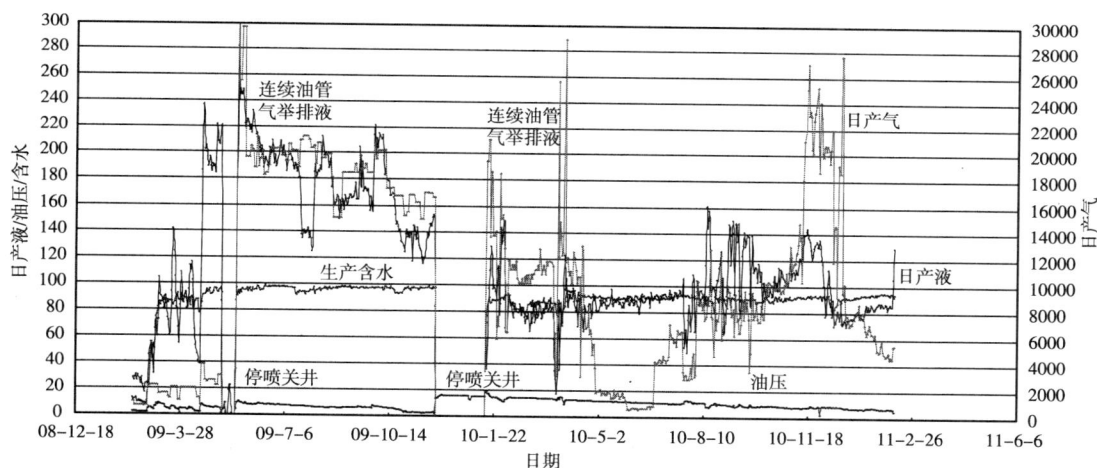

图1　YK12井连续油管气举排液前后生产曲线

（2）DLK9井。

如图2所示，DLK9井2009年10月生产油压13.8MPa，日产气12600m³/d左右，日产液36 m³/d左右，含水55%，后因井筒积液，日产量逐渐下降，至10月28日油压落零停喷。11月2日采用连续油管制氮拖车气举，气举排液后生产油压由3MPa上升至14.8MPa，日产气达20000m³/d以上，日产液35m³/d左右，含水60%，气井恢复自喷生产。一直到2009年12月25日，该井又因井筒积液停喷。2010年6月12日该井上返上气藏生产。

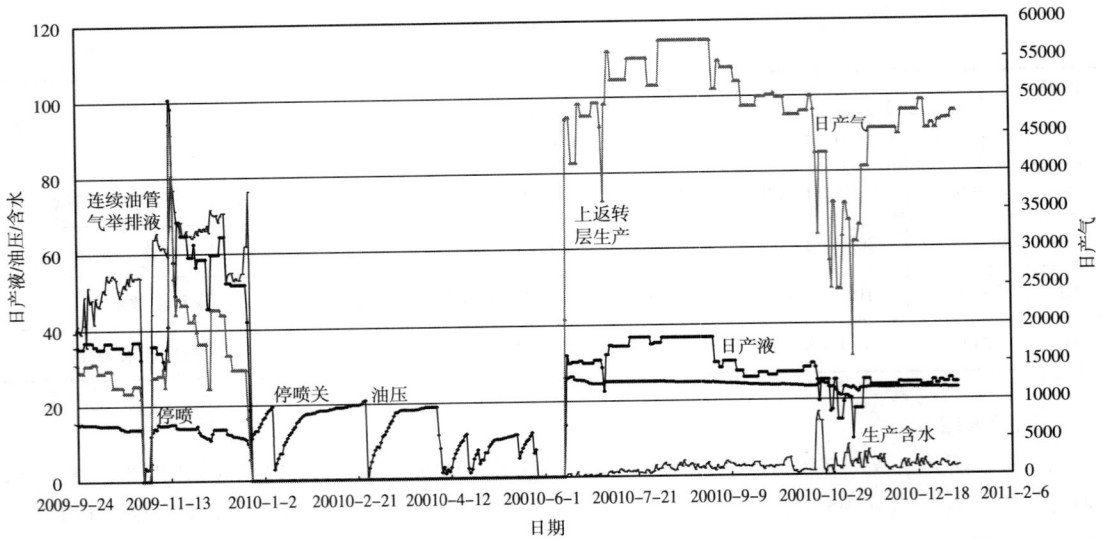

图2　DLK9 井连续油管气举排液前后生产曲线

（3）TH10419 井。

如图 3 所示，TH10419 井是一口高产量油井，2011 年 1 月生产油压 6.5MPa，日产液 100 m³/d 左右，含水 36%，1 月 24 日油压落零停喷。1 月 30 日采用连续油管制氮拖车气举，气举排液后生产油压由 1.2MPa 上升至 10.5MPa，日产液达 150m³/d，含水 22%，气井恢复自喷生产。目前该井生产稳定，日产液 110 m³/d 左右，含水 30%。

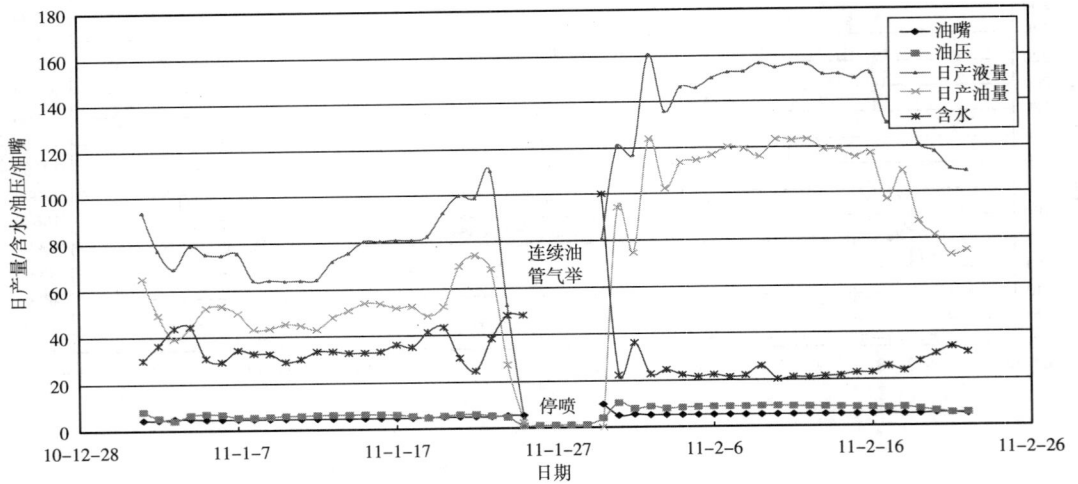

图3　TH10419 井气举前后生产对比

（4）AT11-7H 井。

如图 4 所示，AT11-7H 井自 2009 年 9 月投产后生产较稳定，3mm 油嘴生产，油压 27MPa，日产气达 1.7×10⁴m³/d，日产液 10m³/d 左右，日产油 8t/d 左右，生产含水在 5% 左右。至 2010 年 3 月，含水急剧上升至 80% 以上，产气量急剧从 1.5×10⁴m³/d 降低到 0.5×10⁴m³/d 以下，日产油也降到 2t/d 左右。2010 年 8 月 20 日以后，气井停喷关井。2010 年

7月9日测试井底流压41.95MPa，3000m以下井筒压力梯度基本在1.10MPa/100m左右，井底积液严重。

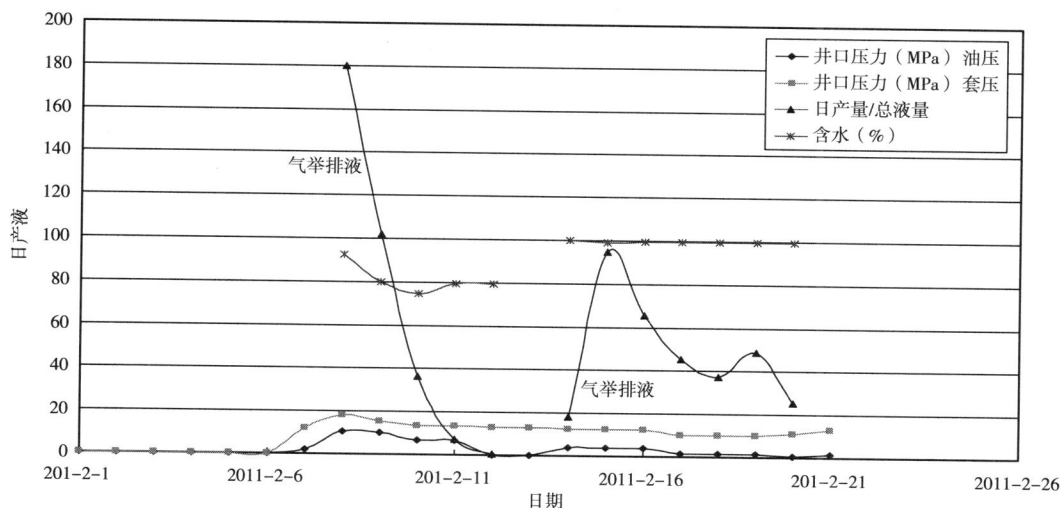

图4　AT11–7H井气举排液曲线

该井2011年2月对水平井段进行机械桥塞堵水，然后在靠近A端的水平井段射孔，采用ϕ60.32mm小油管配套五级气举阀完井。射孔直接投产后未能自喷生产，2月6日采用制氮拖车气举，生产油压8.5MPa，日产气2600m³/d左右，日产液100m³/d左右，含水90%。停止气举后，气井很快落零停喷。2月14日再次采用连续油管制氮拖车气举，气举排液后生产油压由1.2MPa上升至10.5MPa，日产液达80m³/d左右，含水99%，气井恢复自喷生产。2月21日，该井因生产高含水及高产水关井。

5　结论与认识

（1）对于积液停喷气井气举可以排出井底积液，恢复气井自喷生产。但连续油管气举作业费用高，且气井举喷后由于地层压力高，气井井口压力上升快，短时间内即可达到20MPa以上，超过连续油管作业密封压力，存在安全隐患。如T904井连续油管气举时发生井喷，被迫将未及时取出的连续油管割断，造成井下落鱼事故，严重影响后期的修井作业。

（2）西北油田气井积液在3000m以下，这就要求排水采气技术的排水深度必须在3000m以下。目前常规气举排液深度为3500m左右，高压气举排液深度可达4000m以上。因此，气举排水采气技术需要采取高压气举及多级气举阀，以满足西北油田深层积液气井排水采气的要求。

（3）对于边底水锥近造成的水淹停喷气井，需要连续气举进行排水采气生产，排出地层产出水，解放气层，使气层恢复生产。

参 考 文 献

[1] 杨川东等. 采气工程. 北京：石油工业出版社，2001

[2] 李士伦,孙雷等.低渗致密气藏、凝析气藏开发难点与对策 [J].新疆石油地质,2004.4 –2:156~159

[3] 采油采气专标委,气举排水采气工艺作法.SY/T 6124—1995,1996

[4] 覃峰等,天然气开采工艺技术手册.北京:石油工业出版社,2008

[5] 索美娟等译,气举采油技术培训手册.2006

[6] 张继峰等,邻井气气举技术在苏丹六区油田的应用.2007 年全国气举技术论文集.北京:石油工业出版社,2007

让那若尔油田低压井加深注气深度方法研究及优化

徐志敏　齐伟林　王志超

（吐哈油田工程技术研究院　　新疆鄯善　838202）

摘　要：随着让那若尔油田地层压力的下降，生产压差变小，油井产能的发挥受到了一定的限制，常规的气举设计方法注气深度只能在2900m以上，使得注气点以下积液现象加剧。为了充分发挥油井产能，提高举升效率，且减少井底积液现象，对让那若尔油田低压气举井的加深注气深度方法进行了研究及优化，并在让那若尔油田进行了应用，取得了良好的效果。

关键词：让那若尔油田　气举采油　变压降设计方法

让那若尔油气田属于低压、深层碳酸盐油藏，南区主力开发层位为Дн层，平均油藏中深为3800m，目前地层压力不到20MPa，地层压力系数仅为0.5左右，平均产液量产液量降至19t/d，地层供液能力较差，因此油井生产需要较大的生产压差，而在目前的8.5MPa的地面注气压力下，常规的等压降降套压设计方法最大注气深度仅能达到2900m，与平均油层中深相距900m，导致井底流压较高，油井的产能受到一定的限制，而且由于注气点较浅，极易在注气点以下形成积液，使得油井生产极不稳定，因此如何加深注气深度，充分发挥油井产能，提高举升效率，同时减少井底积液现象，对气举井的生产至关重要。

1　技术解决思路及研究内容

1.1　技术解决思路

气举阀阀间距设计图如图1所示，在设计过程中，应保证下部阀打开时上部阀关闭。

（1）第一个阀的下入深度 L_1，L_1 可根据压缩机最大工作压力来确定，其中又有两种情况：

当井筒中液面就在井口附近，在压气过程中即溢出井口：

$$L_1 = \frac{p_{max}}{\rho g} \times 10^5 - 20 \qquad (1)$$

式中　L_1——第一个阀的安装深度，m；

　　　p_{max}——压缩机的最大工作压力，MPa；

　　　ρ——井内液体密度，kg/m^3；

　　　g——重力加速度，m/s^2。

减20m是为了在第一个阀处，在阀内外建立约0.2MPa的

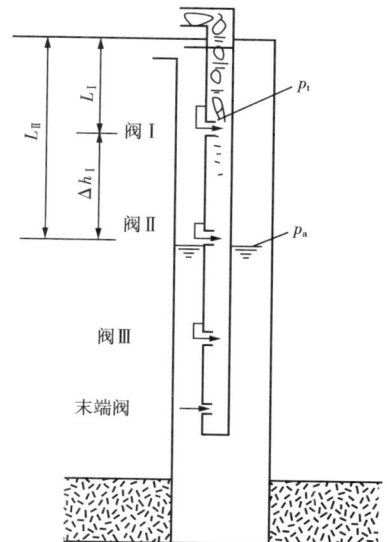

图1　阀间距计算图

压差，以保证气体进入阀。

当井内液面较深，中途未溢出井口时，可由下式计算：

$$L_1 = h_s + \frac{p_{\max}}{\rho g} \times 10^5 \times \frac{d^2}{D^2} - 20 \tag{2}$$

式中　h_s——施工前井筒内的井液面深度，m；

　　　d——油管内径，m；

　　　D——套管内径，m；

（2）第二个阀的下入深度可根据套管环空压力及第一个阀的关闭压差来确定。

当第二个阀进气时，第一个阀关闭。此时，阀Ⅱ处的环空压力为 p_{a2}，阀Ⅰ处的油压为 p_{t1}，阀Ⅱ处压力平衡等式为：

$$p_{a2} = p_{t1} + \rho g \Delta h_1 \times 10^{-5} \tag{3}$$

$$\Delta h_1 = L_2 - L_1 = \frac{(p_{a2} - p_{t1})}{\rho g} \times 10^5 \tag{4}$$

则第二级阀下入深度为：

$$L_2 = L_1 + \frac{p_{a2} - p_{t1}}{pg} \times 10^5 - 10 \tag{5}$$

式中　Δh_1——第Ⅰ阀进气后，环空液面继续下降的距离，m；

　　　p_{a2}——第Ⅱ阀处的环空压力，MPa；

　　　p_{t1}——第Ⅰ阀将关闭时，油管内能达到的最小压力，MPa。

（3）同理，第 i 个阀的安装深度 L_i 应为：

$$L_i = L_{i-1} + \frac{\Delta p_{i-1}}{\rho g} \times 10^5 - 10 \tag{6}$$

$$\Delta p_{i-1} = p_{ai} - p_{t(i-1)} \tag{7}$$

因此，在不增加第一级气举阀深度的前提下，要增加气举阀的注气深度，只能通过增大各个气举阀之间的阀间距。通过公式（6）及公式（7）可知，要提高阀间距，必须尽可能地减少注气压力损失，提高气举阀处的注气压力。

1.2　主要研究内容

根据上述研究思路可知，要增大阀间距，必须提高注气压力的利用程度，减少注气压力的损失，常规的等压降气举设计方法间压降采用了保险系数较大的一个定值，而实质各个不同深度处的气举阀其所需的压降是不相同的，这就不可避免的造成了注气压力的损失，因此若能根据气举阀的实际需要而设定压降值，变等压降设计方法为变压降设计方法，则必将减少注气压力损失，提高注气压力损失程度，进而增大注气深度。

2　主要研究成果

2.1　变压降气举设计方法研究

气举阀间距设计主要取决于以下两个方面：

（1）气举阀阀间距主要取决于可利用的注气压力，可利用的注气压力越大，气举阀之间的越大，且注气压力数据越准确，其所需的安全系数就越低；

（2）气举阀间距设计中另外一个重要因素就是卸荷时气举阀深度处的生产压力。

变压降气举设计方法结合了以上两方面的因素，以气举井特性研究为基础，结合气举阀特性和气举井油套压力分布状况，调整各个气举阀之间的压降数值，变等压降降套压设计为变压降降套压气举设计，即每加深一级气举阀都有一个特定的压力降，该压力降考虑了油井基础数据、气举阀设计和卸荷时候生产压力的变化。压力降 PD 可由公式（8）、公式（9）确定：

最小情况：

$$PD = p_{PEF} \times (0.69\mathrm{MPa} + SF) \tag{8}$$

最大情况：

$$PD = 0.14\mathrm{MPa} + (p_{PEF} \times 1.38\mathrm{MPa}) \tag{9}$$

式中　p_{PEF}——生产压力效应系数；

SF——安全系数。

根据气举阀特性试验，给出安全系数推荐表，如表1所示。

表1　不同规格注入压力操作气举阀的最小安全系数表

气举阀外径（mm）	阀孔径（mm）	安全系数（MPa）
15.88	3.18	0.07
	4.0	0.10
	4.76	0.14
25.4	3.18	0.03
	4.76	0.07
	6.35	0.10
38.1	4.76	0.03
	6.35	0.07
	7.94	0.10
	9.53	0.14

让那若尔油田目前所用气举阀 p_{PEF} 如表2所示。其中最常用的是外径为25.4mm、孔径为3.18mm的气举阀，通过计算可知气举阀压力降 PD 最小值取0.06MPa，最大值取0.2MPa。

表2　让那若尔油田常用气举阀的 p_{PEF}

阀孔尺寸	A_p/A_b	p_{PEF}
1/8	0.042	0.043841
3/16	0.094	0.103753
1/4	0.165	0.197605
5/16	0.255	0.342282
3/8	0.365	0.574803

基于上述理论，以让那若尔油田南区为例，对两种气举设计方法的原理及结果进行对比。原理及结果对比结果如表3所示。

表3　两种设计方法原理及结果对比

对比项目	等压降设计方法	变压降设计方法
设计原则	阀间压降恒定	阀间压降变化
阀间压降	50psi	T. E. F×Pt＋PD（阀深度处）
最终套压降（以7级阀为例）	2.1MPa	1.6MPa
注气压力利用率	75%	81%
注气点深度（平均）	2850m	3126m
备注	地面注气压力保持8.5MPa不变	

两种设计方法气举阀间距设计图如图2所示，从图2可以看出，等压降降套压气举设计方法采用同一个阀间压降数值，注气压力损失较大，而变压降降套压气举设计方法则是根据实际的需要不断调整，因此注气压力损失较小，从而加深了注气点位置。

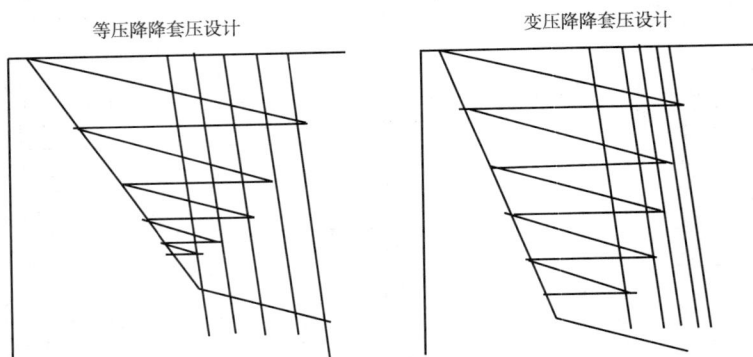

图2　两种气举设计工艺结果对比

2.2　加深注气深度选井原则的确定

在让那若尔油田由于地层层间差异大，例如Γ3层地层压力还保持在28MPa左右，地层压力系数较高，同时由于地层不均质，因此同一地层在不同区域地层压力保持程度也不尽相同，因此必须确定加深注气深度选井原则。

通常不能选择地层压力较高、供液能力强的油井，否则井筒内静液面过高，启动压力不能满足卸荷要求。对于油井含水也有一定的要求，因为加深注气深度后井底生产压差被放大，会加快地层液体的流动，导致含水上升。所以对于高含水井，当含水增加时，流体压力梯度变大，对气举阀间距设计会产生一定影响。

根据计算结果可确定如下选井原则。

（1）根据计算可知，当地层压力系数大于0.7时，变压降设计方法与等压降设计方法的注气深度基本相等地层压力系数小于0.7，不同地层压力下，可达到的注气深度见下表4所示。因此建议使用变压降设计方法时其地层压力系数小于0.7。

表4   不同地层压力系数设计加深注气深度结果表

地层压力系数	1	0.7	0.6
注气深度（m）	2900~3000	3100~3300	3500~3600

（2）含水小于20%，避免因加深注气深度造成油井含水过快上升。其原因主要有两个：①让那若尔油田含水大于20%以后，其含水上升速度不断加快；②含水大于20%以后，井筒内滑脱增大。

（3）井底积液井优先选择，应用效果更好。

3   技术应用效果

由于目前让那若尔地层静压数据不太全面，因此加深注气深度主要以增大气举阀阀间距的方式为主，2010年加深注气深度应用效果如表5、表6所示。

表5   2010年加深注气深度应用效果统计

井别	井数（口）	注气深度（m）		加深深度（m）
		措施前	措施后	
老井	19	2902.7	3203.18	300.48
新转井	17		3084.23	
合计	36		3134.03	

从表5可以看出，在2010年加深注气深度应用中，气举井平均注气深度达到3134m，其中老井的平均注气深度为3203m，较加深注气前注气深度增加了300m，新井平均注气深度达到了3084m，取得了较好的应用效果。

表6   4027井加深注气深度应用情况

项目	注气深度（m）	井底流压（kgf）	套压（kgf）	产液量（t/d）	产油量（t/d）	注气量（m³/h）	生产气液比（m³/t）	含水（%）
加深注气前	2951.63	100	65	19	19	320	556	0.12
加深注气后	3206.09	82	65	35	34	490	508	1.2
对比	254.46	-18	0	16	15	170	-48	1.08

4   结论及建议

通过让那若尔油田加深注气深度技术的研究和应用，取得以下认识：

（1）在不改变地面供气能力的前提下，与常规的等压降气举设计方法相比，变压降气举设计方法设计的注气点更深，注气深度可增加300m以上。

（2）加深注气深度技术成功的扩大了油井的生产压差，发挥了油井的产能，同时有效地减少了井底积液现象，取得了较好的应用效果。

（3）随着让那若尔油田开发程度的加深，其整体地层压力必将下降，因此变压降设计方法具有广阔的应用前景。

参 考 文 献

[1] 布朗主编．升举法采油工艺．北京：石油工业出版社，1987
[2] 万仁溥主编．采油工程手册．北京．石油工业出版社．2009
[3] 张琪主编．采油工艺原理．北京．石油工业出版社．1989
[4] Beggs H. D. and Brill J. P. A Study of Two Phase in Inclined Pipes. J. P. T, 1973
[5] Brill j. p. and Beggs H. D. Two – Phase Flow in Pipes. University of Tulsa, 1986

氮气泡沫助排工艺在塔河油田的应用

刘 练 胡 勇 樊凌云 张 佳

(中石化西北油田分公司完井测试管理中心 新疆轮台 841600)

摘 要：试油期间，常需排出井筒中酸化压裂液、压井液、地层水等各种流体，常规诱喷一般采取连续油管或气举阀注氮气气举，以达到举通井筒目的。氮气泡沫快速排液技术是高压氮气与泵车泵送的混有起泡剂的水溶液，通过泡沫发生器搅拌混合形成稳定所需密度的泡沫液。泡沫密度比水小、密度可通过调节气液比进行控制，通过泵车及制氮车泵注，泡沫可以在油套间建立循环，能把井筒液柱压力降低，进而实现诱喷油气的效果。

关键词：氮气泡沫 诱喷 助排

目前油气井的诱喷介质主要由油田水、清水、轻质油、氮气构成。油田水的相对密度在1.1 以上，清水相对密度为 1.03 左右，轻质油相对密度在 0.86 左右。在氮气与轻质油相对密度之间的介质跨度最大。由氮气和清水为主要成分的氮气泡沫填补了轻质油到氮气之间的流体比重空白。其比重根据需要，可以降至 0.3 以下。

为了在完井试油期间达到安全、高效、快速诱喷排液的目的，引进了氮气泡沫气举助排工艺。

1 排液原理

氮气泡沫气举分为正举工艺和反举工艺两种，原理见图 1。

1.1 正举工艺

在一定压力、排量下使用低密度的氮气泡沫正挤或正替。随氮气泡沫的不断注入和举升压力的升高，油管液面持续下降，当油管液面降至油管鞋时，地层与井底之间建立最大压差，停止正挤或者正替，开井，地层流体在大压差下流入井筒，达到诱喷求产的施工目的。

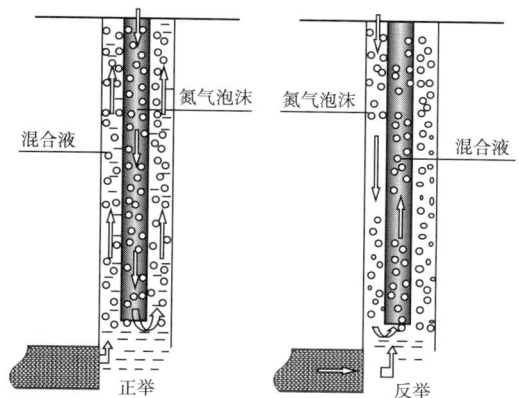

图 1 氮气泡沫气举正反举工艺示意图

第一作者介绍：刘练，1982 年出生，2005 年毕业于中国石油大学（华东），现在中石化西北油田分公司从事试油测试工作联系地址：新疆轮台西北油田分公司完井测试中心，邮编841600。电话：0996 - 4687088 移动电话：18999622522。

1.2 反举工艺

在油管打开的状况下，一定密度的氮气泡沫从环空注入，将井筒流体从油管替到地面。随氮气泡沫的不断注入和注入压力的升高，环间液面将持续下降，当环间液面降至油管鞋时，注入压力将升至最高值。氮气泡沫随即进入油管，泡沫随压力降低迅速膨胀上升，使油管中液体密度迅速下降，对井底的回压迅速减小，使地层与井底压差增大，地层流体流入井底，进入油管。连续不停的注入低密度氮气泡沫，便可将井筒及地层近井地带的液体排净，实现诱喷。

2 工艺应用

截至 2010 年 12 月氮气泡沫工艺已在塔河油田碳酸盐岩井应用 8 井次（表 1），5 口井见油并形成自喷；碎屑岩井应用 3 井次，一口井见油并形成自喷。

表 1 氮气泡沫循环诱喷效果统计表

井号	完井方式	完井管柱	层位	诱喷液相对密度	地层压力系数	氮气泡沫气举情况		注入量（m³）	开井排液情况		
						泡沫相对密度	制造压差（MPa）		返出量	是否见油	是否自喷
GK7H	射孔完井	光管柱	K_1s	0.86	0.9	0.6~0.5	11~14.7	147.5	210.9	是	是
GK8CH	射孔完井	光管柱	K_1s	1.01	0.9	0.6~0.3	11~22	297	357	否	否
TK7210	射孔完井	光管柱	T_2a	1.03	1.1	0.55	23.52	158.8	225.63	是	是
TP31	裸眼酸压	MCHR	O_2yj	1.15	1.1	0.5	42.33	57	45.3	是	是
TK508	油管测试	光管柱	$O_{1-2}y$	1.03	1.08	0.6	16.45	113.4	70	否	否
TH12227	油管测试	Y211 已解封	$O_{1-2}y$	1.03	1.11	0.6	33.21	48	22	是	是
TH12344	油管测试	Y211 已解封	O_2yj	1.03	1.11	0.6	36.6	188	338	否	否
TH12428	油管测试	光管柱	O_2yj	1.03	1.11	0.6	27.52	23.4	33.4	是	是

TH12227H 井和 TH12428 井均为带封隔器的稠油井，氮气泡沫进行正挤作业，分别施工 5h 和 3.5h，正挤 1.5~2 倍油管容积后放喷，迅速见产，取得了预期的施工效果。

TK7210 井、GK7X 井、GK8CH 井、TH12344 井、TP31 井、TK508 井使用低密度泡沫可大大降低井筒的液柱压力，形成井筒较地层的负压，可以使地层中井底积液、残酸和地层水比较彻底地排入井筒，进而在氮气泡沫良好的携液性能下排出地面，达到气举排液迅速见产的目的。

2.1 在碎屑岩射孔完井中的应用

TK7210 井位于塔河油田艾协克南构造，完钻井深 4668m，完钻层位 T_2a，该层地层压力系数为 1.08~1.1，在相对密度 1.03 的清水中进行射孔作业后井口不出。

2010 年 4 月 5 日进行正注氮气泡沫气举，氮气与泡沫液混合后相对密度约 0.55，注入泡沫液 24m³，环空返出前期诱喷用清水 27.84m³ 后用油管放喷排液，油压由 15MPa 逐渐降至零，返出相对密度 1.03 清水 11.98m³。

4 月 6 日至 4 月 7 日实施环空注氮气泡沫液，用相对密度 0.55 的氮气泡沫循环一周，井底回压减小 21MPa，注入泡沫液 134.8m³，油压 0 - 16 - 0MPa。排液 184.85m³。三次气举累计出液 225.63m³。

氮气泡沫通过油套循环直接诱导产层，使地层液体流入井底，并在氮气泡沫的作用下将液体举出，气举期间求得地层真是液性，气举期间含油最高 15%，从工艺上讲，达到了氮气泡沫助排的目的。

2.2 在碳酸盐岩油管测试井中的应用

TH12227H 是塔河油田稠油井区的一口开发井，位于塔河油田 12 区奥陶系西北斜坡部位。

2010 年 9 月 7 日钻至井深 6471.02m 钻遇漏失，钻完井期间漏失相对密度 1.17 泥浆 161.09m³。诱喷求产阶段用相对密度 1.03 的清水 210m³ 进行反替，无油嘴开井排液 193m³ 后停喷；正挤相对密度 1.02 的清水 26m³，间断性返出清水 0.5m³ 后停喷。

此次清水诱喷未达到诱喷的目的，由于本井罐口 H_2S 含量大于 $1000\mu L/L$，若用连续油管气举助排会对连续油管造成严重腐蚀，同时，如果气举地层出稠油，有可能造成连续油管遇阻、遇卡的发生。为达到安全、高效、快速诱喷排液的目的，完井测试技术人员经过多次技术论证后将氮气泡沫气举工艺应用在该井的诱喷作业中。

该井正注相对密度 0.6 的氮泡沫液 37.5m³，施工用时 5h，泵压 6.7MPa 上升至 20.4MPa，后用 10～12mm 油嘴开井排液，油压 17.8MPa 下降至 2MPa，套压 6MPa 下降至 5MPa，返出相对密度 1.02 的清水 22m³ 后见油 20%，诱喷成功。

2.3 在碳酸盐岩酸压完井中的应用

托甫 31 井位于阿克库勒突起西南斜坡部位。2010 年 6 月 2 日对一间房组酸压施工作业，注入地层 815m³ 酸压后返排 364m³ 停喷。

6 月 4—6 日连续油管气举排液，连续油管最大下深 2500m，最大掏空压差 24.96MPa，气举产液 62.3m³，未见油花；自喷 + 气举累计产液 426.3m³，返排率 52.3%。

7 日探液面前通井至井深 1275m 遇阻，上提至井口，刮蜡片上有稠油块。16 日抽汲队用 67mm 通井规至 530m 遇阻，上下活动 5 次未能通过，用 58mm 通井规至 1140m 遇阻，上下活动 5 次未能通过，无法进行抽汲作业。

6 月 21—22 日使用氮气泡沫气举进行正注泡沫诱喷，累计注入相对密度 0.5 的氮气泡沫 51m³ 和相对密度 1.02 的泡沫液 6m³，共 57m³。住完泡沫后用 3mm 或无油嘴开井，油压 27MPa 降至 15MPa 降至 4MPa 降至 0MPa，套压 0～1.6MPa，累计排液 46.2m³，相对密度 1.02，期间无油气显示。

2.4 配合生产测井作业

TK508 井是一口裸眼完井的漏失井，井深 5467m，由于该井试油期间没有形成自喷产液能力，无法进行产液剖面测井，获取产层压力、温度等重要资料。经讨论研究，提出了氮气泡沫气举配合产液剖面测井的施工方案。

2010 年 7 月 28 日—29 日用无 - 10mm 油嘴间歇性氮气泡沫反循环助排，泡沫液相对密度 0.5，注入量 4.8m³/h，泵压 7.5～16MPa，油压 0～7MPa，套压 7～15.5MPa，累计注入相对密度 1.03 的清水 $87.8m^3$，地层产液 $61.7m^3$。本次气举 $5h$ 后形成稳定产液 $6m^3/h$，顺利完成了本次任务。氮气泡沫气举表现出极大的优势；排液速度快，降液深度可以控制、造压差大，给涡轮流量测井仪和示踪流量测井仪获得优良的流量曲线提供了强有力的保证。

TK508 井在国内首次采用氮气泡沫气举配合产液剖面测井技术并取得成功，填补了一项国内生产测井技术空白。氮气泡沫通过对西北局各区块不同井况的井进行施工作业，充分证明此工艺较其传统工艺有其明显的技术优势，施工过程中压力适中处于可控状态，无井控风险，且其作业时间更短、费用更低。

3 工艺评价

氮气泡沫快速排液具有以下特点（表2）：

（1）排液所需的设备少、操作简捷；

（2）施工时间短、降液程度高；

（3）排液过程中注入的泡沫循环液，可人为调节气液比，控制泡沫密度的高低。由于初始注入的氮气泡沫密度远远大于气体，接近液体的密度，其启动压力小，可应用于深井排液；

（4）降液深度可以控制，利用施工参数计算公式（或图版），便可人为地控制降液深度；

（5）携液性能好、排液彻底；氮气泡沫具有良好的携液性能，在短时间内可排出大量液体；

（6）井控风险较小，同传统的连续油管气举作业相比优势明显。

表 2 氮气泡沫气举同连续油管气举作业对比

| 方式 | 最大施工能力 | | 优点 | 缺点 | 费用 | 适用范围 |
	深度（m）	压差（MPa）				
连续油管	2500（常规） 4000（极限）	$0 \sim 29$	（1）施工作业能力强； （2）使用范围广	（1）存在井控风险； （2）下深受连续油管长度限制	氮气车＋连续油管车作业费用	所有井
氮气泡沫	不限	$0 \sim 45$	（1）施工作业简单； （2）操作性强； （3）井控风险小； （4）作业深度大	（1）不适于井下有封隔器的井	氮气车＋泵车＋药剂作业费用	油套连通井

4 结论

氮气泡沫气举工艺具有施工方法简单、排液速度快，降液深度可控制的特点。在中质油井区和稠油井区已成功应用，取得了较好的效果。

氮气泡沫快速排液技术的成功应用，丰富了塔河油田诱喷手段，为非自喷井的生产测井提供了新思路，随着工艺的不断改进和技术的进步，该工艺将会在诱喷的领域有更为广阔的空间。

参 考 文 献

［1］陆先亮，陈辉，栾志安．氮气泡沫热水驱油机理及实验研究［J］．西安石油学院学报：自然科学版，2003（4）：49～52

［2］王世倩．连续油管采油技术的概况．应用与现状分析［J］．科技创新导报，2010，（15）：114～114

煤层气井气举排水采气工艺

李小奇　董　涛　张建军

(中原油田分公司采油一厂)

摘　要： 煤层气为自生自储型非常规天然气，主要以吸附状态存在于煤层中。我国大部分煤层属于欠饱和煤层气藏，国内从 20 世纪 90 年代开始进行煤层气排采工艺研究，大部分采用压裂后人工排采方式生产。本文对比了常用的人工排采工艺的优缺点，开展了"煤层气井气举排采工艺研究"，研制了地面、井下气举排采配套设备及工具和气举排采管柱设计，并进行了现场试验，取得较好的排水效果。

关键词： 煤层气　气举排采　工艺配套　管柱

1　煤层气井排采试气工艺现状

煤层气为自生自储型非常规天然气，主要以吸附状态存在于煤层中。我国大部分煤层属于欠饱和煤层气藏，如沁水煤气田含气饱和度为 84%～95%，吴堡煤气田为 69%～85%，鄂尔多斯东部煤气田为 80%。

煤层气的产出分为三个过程：排采初期煤层主要产水，同时伴随有少量游离气、溶解气产出；当煤层降至临界解吸压力以下时，煤层甲烷分子迅速解吸，然后扩散到裂隙中，使气的相对渗透率增加，水的相对渗透率减小，表现为气产量逐渐增大，水产量逐渐减小；随着采出水量的增加、生产压差的进一步增大，煤层中含水饱和度相对降低，变为以产气为主，并逐渐达到产气高峰，水产量则相对稳定在一个较低的水平上。随着地层能量的衰竭，最后进入气产量缓慢下降阶段，该阶段与常规裂缝性气藏流动相似。

目前我国煤层气井一般采用油管排水（抽油或电潜泵方式）、套管采气的排采方法。

排采试气原则：

（1）根据压裂裂缝闭合情况确定开井排液时间，并控制排液速度。

（2）降低煤层压力到解吸压力以下，同时也要使液柱对煤层造成一定的回压，避免煤灰堵塞气流通道。

（3）排采试气要连续进行并持续一定时间。

2　煤层气井气举法排水采气工艺可行性评价

2.1　各类排采工艺技术优缺点评价

针对国内外关于有水气田的排水采气工艺措施进行了调研，从思路上来讲，主要是通过借鉴排水采气技术的调研，对煤层气藏排水采气工艺进行评价。评价结果见表1。

表1　各种排水采气工艺适用性对比

举升方法对比项目		抽油机	电潜泵	气举排液			泡排
				连续气举	柱塞气举	橇装气举	
排液范围（m³/d）		0 < 70	30 ~ 500	< 400	< 50	< 40	< 50
目前最大下深（m）		2200	3500	3000	3100	4500	3500
斜井或弯曲井		受限	受限	适宜	受限	适宜	适宜
地面及环境条件		一般	适宜	适宜	适宜	场地开阔	适宜
开采条件	高气液比	配合气液分离装置	较敏感	适宜	很适宜	很适宜	很适宜
	含砂	较差	<0.5%	适宜	受限	适宜	适宜
	结垢	较差	较差	影响小	影响小	适宜	很适宜
	腐蚀性	受限	较差	适宜	适宜	适宜	较适宜
设计方法		较易	较复杂	较易	较易	较易	简单
维修管理		较方便	方便	很方便	方便	方便	方便
投资成本		较低	较高	较低	较低	较低	低
灵活性		产量可调	变频可调	工作制度可调	好	较好	较好
免修期		>1 年	>2 年	>2 年	>2 年	>2 年	

常用排采工艺评价结论如下。

（1）连续气举排水采气工艺只要有高压气源，仅需要进行流程改造并配置气举排采管柱即可实现。气举排排采管柱可配置多级式气举阀，从压力体系的平衡和气量体系的平衡进行气举阀分布、阀孔径选择和压力设置，实施连续气举排液采气。

（2）抽油机排采工艺在直井中排液效果较好，但在斜井中应用受到限制，容易造成抽油杆和油管的偏磨现象，导致油管漏失，检泵周期短。同时，高气液比会造成抽油泵的充满程度降低，排采效率下降。

（3）电潜泵排采工艺排液能力强，不受采出程度影响，并能把气采至枯竭，在其他工艺不适用且有一定液面的情况下采用。但因该工艺成本相对较高，所以实施该工艺时主要考虑投入产出比。对于能量衰竭，严重不足，产能较低的井不宜采用。

2.2　煤层气井气举法排水采气工艺可行性评价

气举排采工艺是指连续向积聚在井筒里的液柱下面注入高压气，从而将液体举升到地面的过程。国外已经广泛应用到天然气田的排水采气和油田的气举采油上，国内也在四川气田、中原油田、吐哈油田、塔里木油田等得到广泛应用，工艺也相对成熟。只要有高压气源，仅需要进行流程改造并配置气举排采管柱即可实现。相比其他排采方式，在煤层气藏开采上应用气举排采工艺具有如下优点。

（1）能适用于斜井和大弯曲定向井。

相对于煤层气藏普遍采用的丛式井组而言，井斜度大。气举排采管柱在井筒中无运动部件，表现出良好的适应性和较长的免修周期。

抽油机排采工艺在直井中排液效果较好，但在斜井中应用受到限制，特别是在丛式井组中，容易造成抽油杆和油管的偏磨现象，导致油管漏失，检泵周期短。

（2）能适用于高气液比井。

高气液比会造成抽油泵的充满程度降低，排采效率下降。而气举工艺可以借助于地层产气，减少注入气的消耗，提高举液效率。

（3）具有较宽的排液适用范围。

气举排采工艺改变生产条件灵活（改变注气量大小），适应性范围广，能适用于不同类型气藏的不同开发阶段。抽油机排采工艺则受到泵径和冲次的限制。

（4）具有较强的环境适应性。

气举排采时井筒内没有其他部件，井下管柱简单灵活，成本较低，管理方便。因此不受气井出砂、煤灰沉积等影响，具有较强的环境适应性。

（5）能减少过度排采对储层的伤害。

煤层气井投产初期，在抽油机排水把动液面降低至储层附近深度时，气和水就会携带大量的煤粉及砂高速流向井筒，造成堵塞微细裂缝，严重降低裂缝的导流能力，影响产气量；同时部分煤粉及砂进入泵筒，造成磨损泵筒或卡泵。气举排采工艺过程中，由于油套环空注入气压力的存在，使储层相对保持稳定的压力，能减少过度排采对储层的伤害，有效保护了储层。

综上所述，对于丛式井组的煤层气藏开发，气举排采工艺比抽油机排采工艺具有更强的适用性。

3 煤层气井气举法排水采气工艺设计

3.1 井群选择

通过对我国煤层气井排采工艺现场调研，确定在丛式井组的煤层气藏开发上，气举排采工艺比抽油机排采工艺具有更强的适用性。因此，试验井群应选择的丛式井组。

3.2 地面配套工艺设计

按照适用性和经济性原则，选用"气水分离器 + 机杂过滤 + 橇装式增压机组 + 注入气控制装置"工艺进行气举。

3.2.1 工艺流程（图1）

气井产出的气水混合物首先进入沉降分离器进行气、水分离，同时由于分离器内部的离心力作用，使大部分煤灰沉降。分离后的水分和煤灰沉淀通过排污口排至污水沉降池。分离后的气体经过气体滤清器二次过滤后，通过橇装式压缩机增压至 5MPa，然后经过气举用气分配系统和注气参数自动控制装置分配到各单井，从油、套管环空经过气举阀进入油管进行排水举升。当注气系统启动时，若本井组不产气或产气量不足，就从集气系统返输气循环使用。

流程特点：气举用气基本无损耗，可重复使用；增压配套设备采用橇装操作，易搬迁；压缩机的排气量调节范围为 50% ~ 100%，适于变工况操作。

3.2.2 主要设备选型

（1）橇装式增压机组。

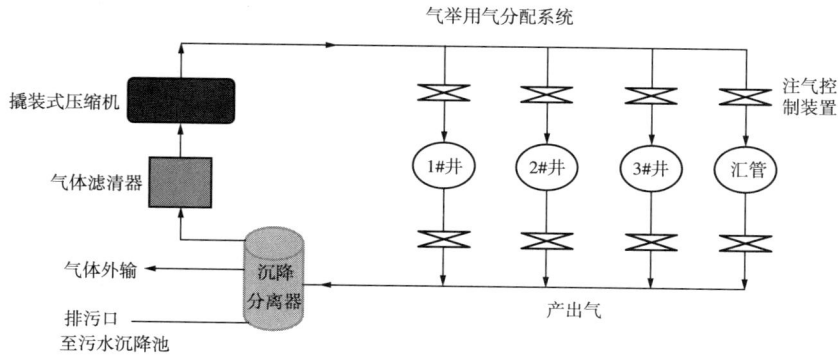

图1 丛式井组气举排采地面工艺流程

驱动方式：电驱动；

电机功率：26kW；

设计排气量：10000m³/d；

进口压力：0.1~0.5MPa；

出口压力：5MPa。

（2）沉降分离器。

规格：ϕ600mm；

耐压：3.5MPa。

（3）井口注气量控制部分。

采用注气量自动控制系统，实现注气排水能力的无级调节，保证液面平稳下降。

3.3 井下管柱设计

基于煤层气气举排采工艺与油气田气举排液采气原理相同，在油气田排液采气工艺设计的基础上，针对煤层气井生产特点及排液采气工艺方法，研制适合煤层气井的气举排液采气工艺设计方法。

3.3.1 井下气举排水采生产管柱设计

与油气田气举井生产管柱相类似，采用多级气举管柱，由气举阀、油管等组成。

（1）气举管柱参数设计。

在油气田气举排液采气工艺研究基础上，开发了气举排液采气优化设计软件，可对气井的多个动态生产参数进行敏感性分析，为最后得出精确的气举阀设计提供保证。

（2）气举方式选择。

针对煤层气特点，初期排液采用连续气举生产，排液产气后视生产情况再确定合理工作制度，进行间歇气举定期排液。

3.3.2 气举阀

选用较为成熟的ZBG－1型气举阀。该阀吸收了国内外同类产品的优点，并对波纹管、气门芯、尾堵和阀座进气孔的结构，以及单流阀和气举阀的阀头和阀座材质进行了改进，主要技术指标达到国外同类气举阀要求。

3.3.3 真空射流举升器

（1）结构。

真空射流举升器。主要由喷嘴、喉道、扩散管组成，利用射流工艺原理，在喷嘴出口产

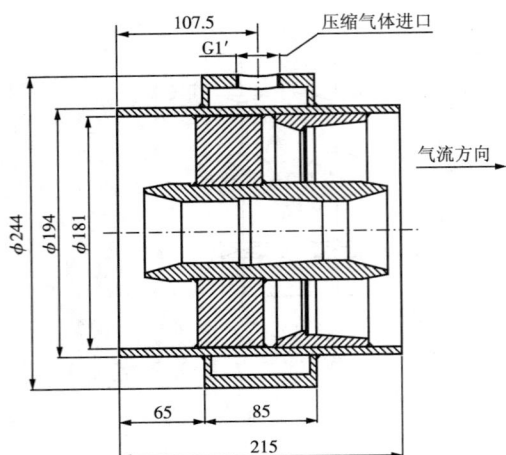

图 2　真空射流举升器结构原理图

生高速射流，在入口形成抽吸作用，将井液携带进入喉道，并在入口产生一定的真空度，从而降低井底回压，增大了油气藏开采程度。其结构原理见图 2。

气举排水井实施真空射流举升器排水后，能在井底保持较低液柱，能降低注气压力和注气量，明显地提高气举效率；同时成功高效的排水，能够保障气藏继续稳产，提高最终采收率。

（2）主要性能指标。

在压缩气体压力为 1MPa 时，进口极限真空低于 -0.01MPa；

在低压气体进口压力及排气口压力为标准大气压时，耗气量、吸气量特性见表 2。

表 2　真空射流举升器性能指标

压缩气体压力（MPa）	1	1.5	2	3	4
压缩气体消耗量（m³/min）	13.14	19.14	25.16	37.19	49.22
吸气量（m³/min）	58.23	80.32	81.45	79.63	78.27

注：（1）表中气体流量均指换算到标准大气状态下的体积流量，乘上气体标准状态下的密度即为质量流量。
　　（2）表中参数均是在用空气为介质的情况下得到。

3.3.4　设计参数

（1）基础数据。

煤层气藏深度：800m；

地层压力：5.5MPa；

排水量：10m³/d；

井口油压：0.5MPa；

压缩机供气压力：4.5MPa；

供气量：2000m³/d；

（2）设计结果见表 3。

表 3　气举排采管柱设计结果

气举阀级数	孔径（mm）	下入深度（m）	地面打开压力（MPa）
1	2.4	392	4.00
2	2.4	687	3.60

3.4　确定煤层气排采工作制度的原则

煤层气排采必须适应煤储层的特点，符合煤层气的产出规律。煤层气排采试气工程应在排采之前对气水产量、产出规律进行预测，确定合理的试采设备，控制动态参数及试采周期，以便正确评价煤层产气状况。通常采用以下三种工作制度。

（1）定产量制度：在煤层排采试气的各个阶段，根据地层产能和供液能力，控制水、气产量，以保障流体的合理流动。

（2）定井口压力制度：在产气阶段，为保障气体的平稳产出，对井口压力进行控制。

（3）定井底流压制度：在排采的不同阶段，通过控制液位高度、井口压力，使地层流体在合理的压差下产出，以维持不间断排采，有利于提高采收率。

煤层气井产量变化大，所选用的设备和方法应兼顾前后期的变化：既要尽可能保证在短的时间内将储层压力降到解吸压力以下，使煤层尽早产气；也要保证均衡降压，防止煤层颗粒的运移。

3.5 现场实施效果对比

2010 年在 HD25 – 1 井上进行了气举排水试验，初步取得成功。实测排水量 30m³/d（折算值），气举排水深度 450m，达到了气举排水的目的。

4 结论与认识

（1）对于煤层气藏的气井开发，必须根据气井的生产能力、井深及井身结构、产水量、气液比以及现场电力供应等条件，综合考虑以便选择最有效、最经济的排液采气工艺技术。

（2）在国内首次采用气举排采工艺进行煤层气井排水开采工作，设计、研制了气举排采所需要的地面配套设备及井下工具，形成了从煤层气藏气举排采工艺设计、地面及井下专用设备研制、现场施工调试等系列气举排采配套工程技术，为解决类似的低压煤层气藏连续排采及增压输送难题提供了新方法。

（3）地面生产设施和专业设备是煤层气藏开发的主要载体，需要针对气举排采作业所需增压设备、地面控制系统等进行能力和现场适用性分析，以满足地面设施供应能力及相关安全要求。

（4）气举排采方法具有适应范围广，排液量大，管理简单，免修周期长等特点，在煤层气井排水方面是成功的。但同时也存在工艺局限性：受到煤层气地层特点及排采限制，只有区块整体排采，把地层水位排至合理界限（达到煤层产气的临界条件），才能保证地层采气。

产品研制

KPX-140气举偏心工作筒及配套工具的研制

王 良　　齐伟林

（吐哈石油工程技术研究院　新疆鄯善　838202）

摘　要：气举偏心工作筒是气举技术的核心配套工具之一，它广泛应用于气举采油、排水采气等工艺中。针对海外市场油田对气举工具产品的需求，我们研制出 KPX-140 气举偏心工作筒及配套投捞工具，各种性能指标达到国内外先进水平，现已成功应用于伊朗北阿扎德干油田。

关键词：气举采油　偏心工作筒　造斜器　气举阀

气举工作筒作为气举采油的核心工具之一，主要作用是为气举阀提供工作载体，二者构成一个整体来控制气流，达到举升井下液体的目的，投捞式气举工作筒可以通过钢丝投捞作业更换内部的气举阀。根据海外市场油田情况来分析，油藏流体富含有 H_2S 和 CO_2 等酸性气体，要求气举相关配套工具具备防 H_2S、CO_2 腐蚀的性能；从现场使用的油套管组合情况来看，要求入井工具通径达 73mm 以上，鉴于目前国内还没有生产出满足以上要求的气举工具产品，只能依赖进口，为了提高我国气举采油技术水平，开发拥有自己独立知识产权的大通径气举工具产品，对此，我们开展了相关的研制。

1　工具研制

1.1　设计难点

（1）由于应用油田最小套管内径尺寸的限制，以及入井气举工具通径73mm以上的要求，气举工作筒只能采用偏心结构，如图1所示，偏心结构的设计难点在于进行应力分析，找出最大应力集中点，从而在设计时尽量避免应力集中，保证抗拉强度达到同级别油管要求；

（2）由于工具通径增大的原因，相关配套气举工具在设计过程中，如何保证气举阀投捞作业的顺利完成，即投捞造斜器、气举阀与气举偏心工作筒三者之间的配合设计，变得尤为关键，其中造斜器转臂偏心距尺寸的控制是保证投捞成功的关键；

（3）井筒液体含 H_2S、CO_2 等腐蚀性气体，在材料选择、结构设计、加工工艺、焊接处理等工艺中，工具必须满足抗酸性液体腐蚀的要求。

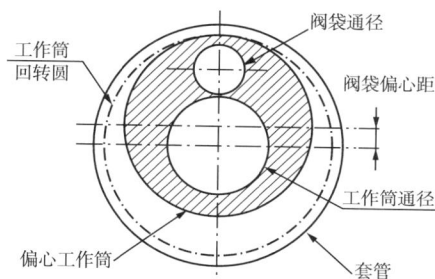

图1　偏心结构图

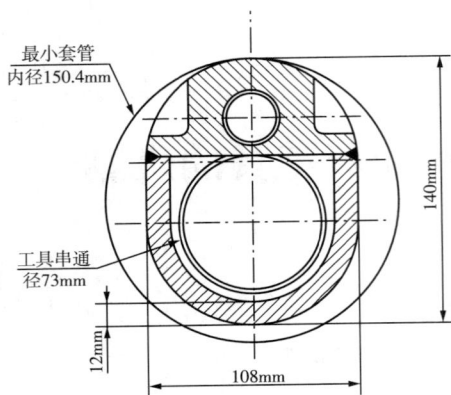

图2 工作筒截面尺寸图

图中标注:
最小套管内径150.4mm
工具串通径73mm
140mm
108mm
12mm

1.2 解决方案

（1）偏心工作筒整体外形尺寸的选择。

考虑到现场套管最小内径为154.78mm，以及工具通径73mm的要求，我们将偏心气举工作筒外径设计成椭圆形结构，如图2所示，最大回转外径尺寸设计为140mm，椭圆处宽度为108mm，以区别于常规的整体圆形结构。这样设计的好处是充分利用了有限的空间，在节约了材料、减轻重量的同时，避免了壁厚不均造成的受力不均匀而形成的应力集中现象，这样的设计方案使140mm工具外径可以在内径最小为150.4mm的套管内使用，满足了现场使用要求。但同时，这种椭圆结构方案因为无法采用普通切削机械加工来实现，只能选择高温锻造工艺，通过挤压形成两边椭圆结构。鉴于高温锻造工艺的复杂性和难控制性，增加了加工工艺的难度和加工成本。

（2）偏心工作筒整体加工工艺方案的选择。

投捞式气举工作筒纵向剖面结构如图3所示，包括筒体、阀袋两部分。由于工作筒外形我们选择了椭圆结构，那么对于筒体的整体加工处理，同样只能采用整体锻造工艺进行处理。

筒体加工方法是在保证一定的主通径尺寸要求下，经过多次高温轧制工艺使上下两段产生缩径，形成了上下两段外径小、中间部分外径大的偏心结构；其偏心部分主要用于安置阀袋。阀袋经机械加工后与工作筒焊接成一体，阀袋其中心轴线与偏心部分中心轴线平行并保持一定的偏心距，保证钢丝投捞作业的投入与捞出工作正常。通过以上的加工工艺，筒体可以减少2条焊缝，从而避免了国内外工作筒上下接头处的两条焊缝，成功地避开了由于受国内焊接水平和检验水平限制而产生的焊接质量问题。这样设计的优点是整体抗拉强度高，耐腐蚀流体侵蚀能力强。如图4和图5所示，对工作筒进行了有限元受力分析，在受力70t的情况下，焊接式工作筒焊接段等效应力等级为0.521（整体式应力等级为0.246），说明相比焊接式工作筒，整体式工作筒可以减少应力分布过于集中在上下接头处的问题。

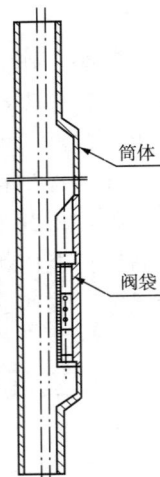

图3 工作筒纵向剖面结构图

图中标注：筒体、阀袋

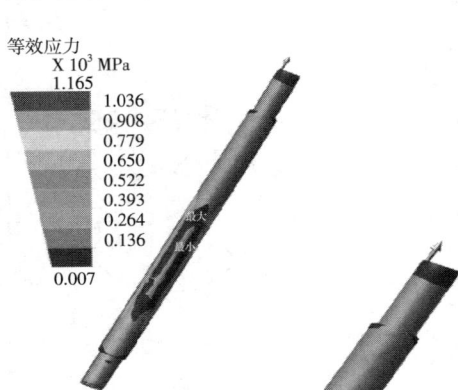

等效应力
X10³ MPa
1.165
1.036
0.908
0.779
0.650
0.522
0.393
0.264
0.136
0.007

图4 整体结构应力图

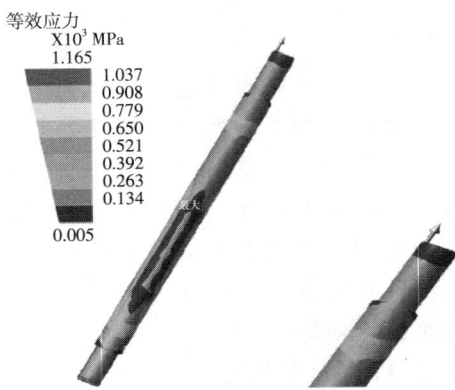

等效应力
X10³ MPa
1.165
1.037
0.908
0.779
0.650
0.521
0.392
0.263
0.134
0.005

图5 焊接结构应力图

（3）配套投捞工具－造斜器的设计方案。

鉴于该新型偏心气举工作筒的通径达73mm，目前现有造斜器无法满足使用要求，必须重新设计新型的配套造斜器，图6为普通造斜器的示意图。

造斜器工作筒原理。随钢丝作业工具串一起下入井筒，在下到工作筒位置后，上提钢丝，这时造斜器的导向块就进入工作筒，并与工作筒的导向套斜面相接触。上提造斜器，造斜器导向块沿偏心筒导向套内槽斜面向上滑动，造斜器开始转动。当导向块进入导向轨道槽时，造斜器的转臂就正对偏心工作筒的阀袋，继续上提钢丝，由于导向块的阻挡，使得释放柱塞压缩弹簧下行，当上提力超过工具串自重20.4kg时，限位定位螺钉进入释放柱塞的槽内，转臂在其下的板簧作用下实现向上弹起，完成造斜。这时就可进行气举阀的投入和打捞作业。当投捞作业完毕后，上提钢丝会使导向块重新进入导向槽，通过向上震击，使得与导向块连接的剪销剪断，导向块向下移动，在外套筒的作用下，压回筒内，可以顺利从工作筒中提出工具串。从以上造斜器工作原理的描述，我们可以看出该工具设计关键的技术难点是对造斜器转臂回转半径的控制，以及对投捞情形的模拟，图7是我们采用三维软件模拟的结果，其可以满足现场使用要求。

图6 造斜器示意图

图7 造斜器与工作筒投捞模拟图

1.3 偏心气举工作筒的强度校核

1.3.1 抗拉强度计算

从 KPX－140 气举偏心工作筒的结构尺寸来分析，最小壁厚为12mm，承受拉力的薄弱点是两端的油管螺纹，由于该工作筒选用的材料强度近似于 N80 钢级，因此其抗拉强度极限为 N80 钢级的油管 $3\frac{1}{2}$in TBG 油管螺纹抗拉强度，即为：$F_{max} = 704kN$；

1.3.2 抗内压强度

由工作筒的偏心结构设计知，其抗内压强度的最薄弱点是筒体。由于偏心影响，工作筒筒体的壁厚不均，我们取最薄弱处进行强度计算，并忽略厚壁筒的约束作用，这样的计算结果更趋于保守、安全。

$$P = 2n\delta_s \frac{\delta}{D} = 2 \times 0.875 \times 562 \times \frac{12}{140} = 84.3(MPa)$$

式中 D——模型外径，$D = 140mm$；

n——表面机加工系数，取 $n = 0.875$；

δ——两个工作筒最小有效壁厚，$\delta = 12mm$。

考虑工具在酸性液体的环境中工作，取安全系数为2，则 KPX－140 气举偏心工作筒抗内压强度为35MPa。

通过上述强度设计计算，可以知道KPX-140气举偏心工作筒的所有强度指标均达到现场要求。

1.4 试验情况

1.4.1 抗拉强度地面试验结果及分析

地面试验中选取的KPX-140气举偏心工作筒两端螺纹扣型是3½in TBG，在多次拉力试验中工具无任何损伤，工具通过抗拉强度试验，该工作筒的抗拉强度试验结果如表1所示。

表1 工作筒抗拉试验表

序号	1	2	3	4	5
拉力（kN）	300	400	500	600	700
工具状况	良好	良好	良好	良好	良好

1.4.2 抗内压强度地面试验结果及分析

工作筒抗内压强度试验见表2。

表2 工作筒抗内压强度试验表

序号	1	2	3	4	5
压力值（MPa）	35	35	35	35	35
工具状况	良好	良好	良好	良好	良好

1.4.3 气举工作筒地面投捞试验结果及分析

对10套试制KPX-140整体锻造工作筒样品分别进行了10次气举阀投捞试验，试验中气举阀投入捞出成功率100%，气举阀密封损伤率为零，试验结果十分理想。

1.5 技术参数

KPX-140整体锻造气举工作筒和ZXQ-70造斜器技术参数见表3。

表3 KPX-140整体锻造气举工作筒和ZXQ-70造斜器技术参数

规格型号	总长（mm）	最大外径（mm）	通径（mm）	抗内压强度（MPa）	抗拉强度（t）	连接螺纹	适用套管内径（mm）	适应环境
KPX-140	2066	140	73	35	70	3½ TBG	≥150.4	$H_2S \leq 6\%$，$CO_2 \leq 1\%$
ZXQ-70	1970	70	—	—	—	15/16-10	—	$H_2S \leq 6\%$，$CO_2 \leq 1\%$

2 应用情况

KPX-140气举偏心工作筒和ZXQ-70造斜器可以广泛应用于各类气举采油工艺中，其中包括连续气举采油、气举排液以及排水采气等工艺。计划在伊朗北阿扎德干油田实施50

口井左右，具有良好的应用前景。图 8 为伊朗北阿扎德干油田的连续气举采油管柱图，使用 KPX – 140 气举偏心工作筒。

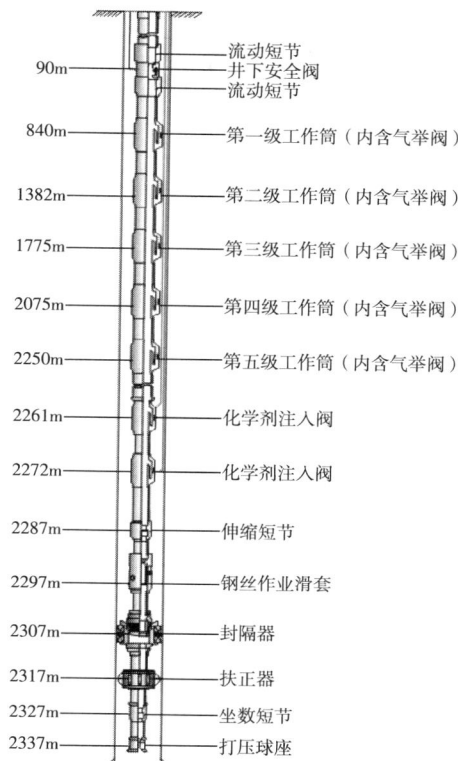

深度	部件
90m	流动短节 / 井下安全阀 / 流动短节
840m	第一级工作筒（内含气举阀）
1382m	第二级工作筒（内含气举阀）
1775m	第三级工作筒（内含气举阀）
2075m	第四级工作筒（内含气举阀）
2250m	第五级工作筒（内含气举阀）
2261m	化学剂注入阀
2272m	化学剂注入阀
2287m	伸缩短节
2297m	钢丝作业滑套
2307m	封隔器
2317m	扶正器
2327m	坐数短节
2337m	打压球座

图 8　伊朗 NAZ-1 完井管柱示意图

3　结论及认识

（1）KPX – 140 整体锻造气举工作筒和 ZXQ – 70 造斜器设计可靠，结构独特，气举阀投入、捞出可靠，能应用于硫化氢等腐蚀环境中；

（2）通过室内试验和在伊朗北阿油田的成功应用，表明了该工具性能参数达到国内外先进水平，完全可以取代进口工具；

（3）该工具的成功研制，完善了气举工具系列，填补了国内大尺寸气举工具产品的空白，拓展了气举采油技术应用范围。

参 考 文 献

[1] 江汉石油管理局采油工艺研究所. 封隔器理论基础及应用［M］. 北京：石油工业出版社，1983

[2] 机械设计手册（第四版）. 北京：化学工业出版社，2005

[3] 采油技术手册（第三版）. 北京：石油工业出版社，2005

Y455-115 斜井封隔器的研制及应用

1 叶尔沙   1 方志刚   2 万豪杰

(1 吐哈油田工程技术研究院   2 吐哈油田温米采油厂   新疆鄯善   838202)

摘　要： 直井气举完井封隔器大多采用机械坐封式封隔器，而对于大斜度井，由于井斜的因素使得机械封隔器的坐封困难，不能应用于大斜度井。为了解决该难题，避免完井中油管产生螺旋弯曲，提高气举阀投捞作业的成功率，降低钢丝作业难度和作业成本，提高管柱寿命，研制了 Y455-115 斜井封隔器。该封隔器适用于大斜度气举井完井、机械卡堵水等工艺，已广泛应用于各类完井生产中。

关键词： 大斜度井　气举　完井　封隔器

封隔器是油气井完井管柱所用的一种专用井下工具，用来封隔油套环空，实现分层的目的。直井气举完井封隔器大多采用机械式封隔器，而对于大斜度井，由于井斜的因素限制了该封隔器的使用，不能应用于大斜度井。为了解决机械式封隔器在大斜度井中坐封困难的问题，避免油管产生螺旋弯曲，提高气举投捞作业的成功率和气举效率，降低钢丝作业难度和作业成本，提高管柱寿命，研制了 Y455-115 斜井封隔器。该封隔器适用于大斜度气举井完井、机械卡堵水等工艺，已经广泛应用于完井生产中。

1　结构特点与工作原理

Y455-115 斜井封隔器是双向卡瓦支撑，专用坐封工具坐封，专用工具解封的液压压缩式封隔器，能承受较高的上下压差，主要用于大斜度井气举完井、机械卡堵水、酸化等作业中。

1.1　结构特点

如图 1 所示，该封隔器主要由锚定机构、密封机构、坐封机构和解封机构组成。

（1）锚定机构。主要由双向卡瓦组成，液压坐封，双向锚定，可承受上下压差。其作用是将封隔器支撑在套管壁上，防止封隔器由于纵向移动而影响密封性能，或引起封隔器过早解封。该封隔器的锚定机构主要由均匀分布的 4 片卡瓦组成，通过上锥体推动卡瓦轴向和径向移动，咬住套管壁从而锚定。

（2）密封机构。在外力作用下，该机构发生动作，由胶筒最终密封环形空间，防止流体通过。该封隔器无其他密封件和滑动件，由三组胶筒组合，中间密封胶筒内设计有密封圈，不同于以往普通的胶筒组合，大大提高了胶筒密封性能，因此胶筒承压高。

（3）坐封机构。由专用坐封工具液力坐封，连接方式不同于普通的释放环或剪钉连接，采用特殊卡瓦连接，能够大大降低下钻过程中产生的冲击，同时有效防止中途丢手的风险。坐封过程中可防止油管弯曲，有利于测试和投捞作业，不同于其他液压坐封封隔器，防坐封能力强。

（4）解封机构。由专用解封工具解封，通过解封工具将支撑环的剪钉剪断，投捞爪收回后解封，解封可靠，回收简单。

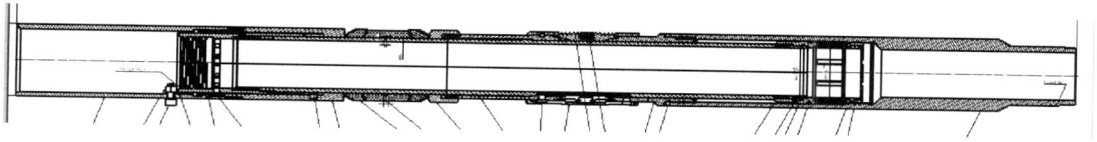

图1　Y455-115斜井封隔器结构简图

1.2　工作原理

坐封。将专用坐封工具与封隔器在地面连接好，下入井内预定位置。从油管投球，钢球落入坐封工具的球面后油管打压，高压液体通过坐封工具中心管进液孔作用在上下活塞上。当内外压差达到10MPa时，剪断坐封工具上的防坐剪钉，活塞继续下移带动适配套，作用在封隔器锁环套上。首先剪断封隔器上的防坐剪钉，然后推动锁环套以下的部件整体下移。上锥体推动卡瓦轴向和径向移动，上、下卡瓦张开，咬死套管壁，继续下移，胶筒完全压缩，与此同时，锁紧机构步进锁紧，完成坐封。

解封。解封可以采用两种方式。

（1）专用打捞工具解封。下入专用打捞工具，将打捞工具插入到封隔器内部。打捞工具下部移动机构插入到封隔器内部锁定装置位置后，上提管柱，带动支撑环上行，封隔器锁齿失去支撑。在拉压合力作用下，内套向上移动，卡瓦失去支撑，胶筒自然回缩，封隔器解封，提出井筒。

（2）磨铣解封。通过磨铣解除封隔器。先下入磨铣管柱（磨铣管柱结构：磨鞋+螺杆钻+油管）：探到鱼头后，根据螺杆钻性能选择合适的泵压和排量开始磨铣，磨铣过程中钻压控制在0.5~1.5t之间；磨铣到无法加上钻压时为止，然后用磨铣管柱将落鱼追至井底，完成封隔器解封。

2　技术关键与技术参数

2.1　技术关键

（1）Y455-115斜井封隔器的特征。主要有适配套、上接头、胶筒、备帽、下锥体、卡瓦座、卡瓦、下锥体、投捞抓、下接头等零件组成。

封隔器备帽上有防坐剪钉，并且下工具过程中油套连通，不会导致下钻过程中由于井筒流体压力波动或冲击导致封隔器中途坐封。配套密封插管卡瓦（图2）与封隔器上接头（图3）通过矩形螺纹连接，矩形螺纹的连接不同于以往释放环和释放剪钉的连接方式，可减轻下钻过程中由于操作原因而导致的冲击，可有效防止封隔器中途丢手，提高作业成功率。

三组胶筒（图4）与中心管装配，中间软胶筒，两侧硬胶筒，每个胶筒有铜碗保护，中间软胶筒内部有密封圈辅助密封，压缩后实现密封，解封后自动收回。

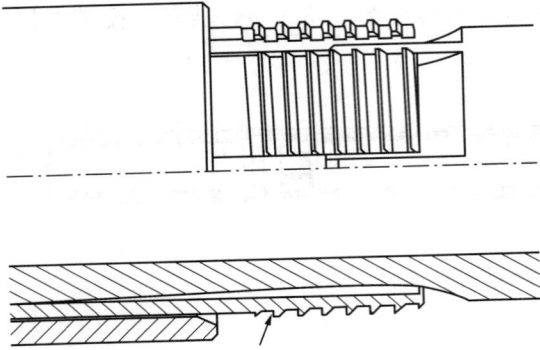

图 2 插管卡瓦

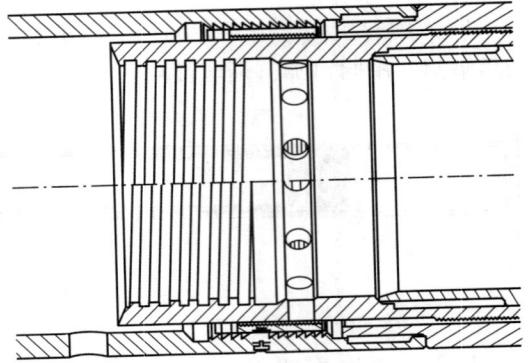

图 3 封隔器上接头

封隔器四块卡瓦均匀分布，并且位于胶筒下部（图 5），在完井管柱中，这种结构的设计可防止砂砾等脏物落入卡瓦内，有效防止砂卡。卡瓦牙型为 90°，两侧角度设计合理，受力均匀，通过上下锥体的支撑，咬在套管壁上，具有双向锚定的作用。解封后卡瓦失去上锥体的推力，通过弹簧的径向力使卡瓦恢复到初始位置。

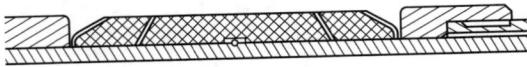

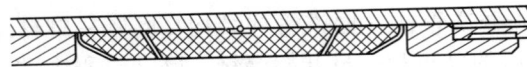

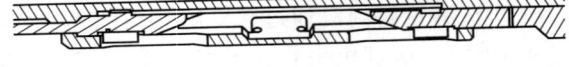

图 4 封隔器胶筒

图 5 封隔器卡瓦

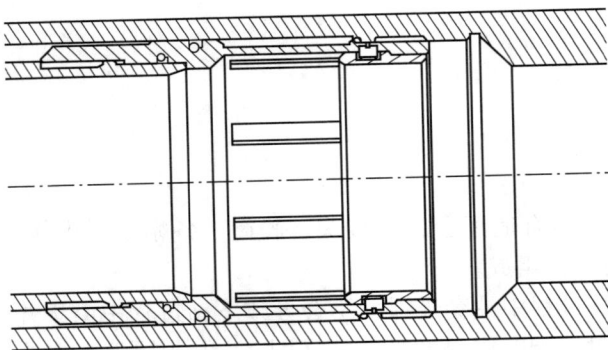

图 6 封隔器投捞爪

投捞抓在中心管内部（图 6），通过特殊扣形与下接头连接，并通过支承环撑住。在支承环铜钉没有剪断前，可保证封隔器保持坐封状态，通过专用工具解封后，投捞爪失去支撑环的支撑，使投捞爪与下接头连接的特殊扣之间脱开，从而实现封隔器的解封。

（2）Y455 - 115 斜井封隔器的配套插管。锁定式高压密封插管和 Y455 - 115 斜井封隔器配套使用，多组对装盘根组合结构可以有效密封封隔器内部和密封插管之间的流道，防止流体从插管和封隔器之间的孔隙流出。弹性爪部位可以保证密封插管紧密的锁定在封隔器上部保证密封。

（3）Y455 - 115 斜井封隔器的连接方式。常规丢手封隔器采用剪钉或释放环同时实现连接和脱手功能，这样在大斜度井施工中就会出现下井途中或是坐封过程中出现丢手的可能性，无法保证封隔器的安全坐封。而该工具在大斜度井施工中采用了卡瓦连接正转脱手的方法，这种脱手方法入井、坐封可靠，但需要正转管柱，脱手工序较复杂，对于大斜度井适用性差。后对密封插管进行了改进，改进后脱手方式为打压后上提脱手。改进后的密封插管（图7）采用卡瓦连接，避免出现中途丢手的现象。其丢手过程如下：先投球打压剪钉被剪断，锁块缩回，卡瓦在拉力作用下向下移动，下放插管，卡瓦相对向上移动，上提插管，卡瓦收缩，支撑环下移，卡瓦失去支撑径向收缩后脱手。该机构的设计可保证封隔器的安全座封和丢手。

2.2　技术参数

总　　　长：1650mm；
最大外径：ϕ115mm；
通　　　径：ϕ76.2mm；
工作压差：50MPa；
坐封方式：下专用工具坐封；
坐封压力：18~22MPa；
解封压力：钻铣、下专用工具解封；
工作温度：120℃；
下部连接扣型：2⅞in UP TBG

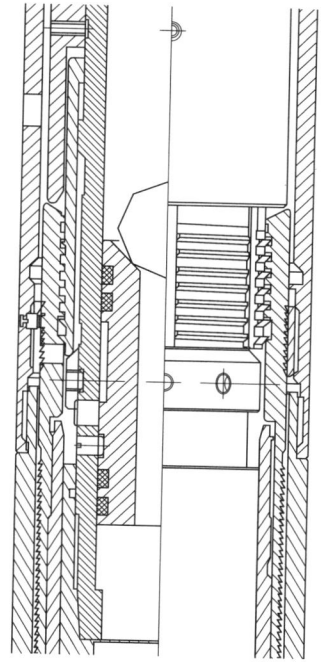

图7　密封插管

3　现场应用情况

Y455封隔器具有设计合理、结构紧凑、解封和回收简单可靠、下井安全、密封可靠、应用范围广等特点，因而在油田生产上得到了广泛的应用。2009年和2010年在吐哈油田吐鲁番采油厂应用成功，在冀东油田南堡作业区也得到成功应用。

3.1　直井分注、卡封管柱应用

如图8所示，Y455-115斜井封隔器可应用于机械卡堵水作业，能满足封下层采上层或封上层采下层等作业的需要。

截至2010年12月份，Y455-115斜井封隔器在吐哈油田共应用6井次。其中，2009年在吐鲁番采油厂分注井施工2井次；2010年累计在吐鲁番采油厂服务4井次，其中分注井施工3井次，卡封井施工1井次，详细情况如表1所示。

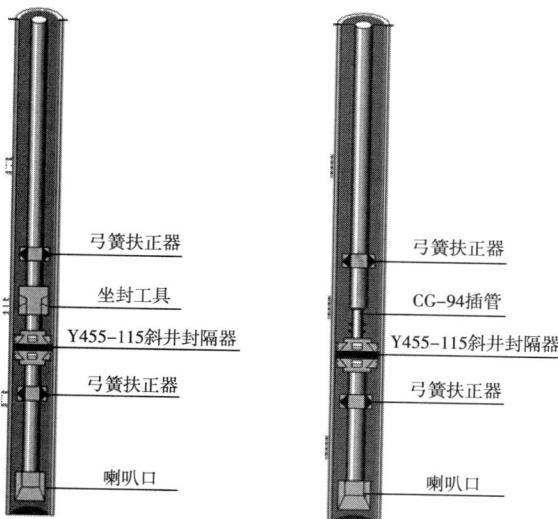

图8　卡封工艺管柱示意图

表1　Y455－115斜井封隔器应用情况统计

序号	井号	井斜	施工时间	施工类型	施工情况
1	红南903	1.68°	2009年	分注	成功
2	红南2－28	17.08°	2009年	分注	成功
3	红南2－14	2.60°	2010年	分注	成功
4	红南2－33	1.10°	2010年	分注	成功
5	红南2－28	30.45°	2010年	分注	成功
6	葡9－1	28.06°	2010年	卡封	成功

3.2　大斜度井气举完井管柱应用

如图9所示，Y455－115斜井封隔器可用于大斜度气举完井工艺管柱中，可避免封隔器在大斜度井中中途坐封、提前丢手和丢手困难等难题，提高作业成功率。同时，管内压力波动产生的作用力不会使封隔器解封，大大提高管柱的使用寿命。

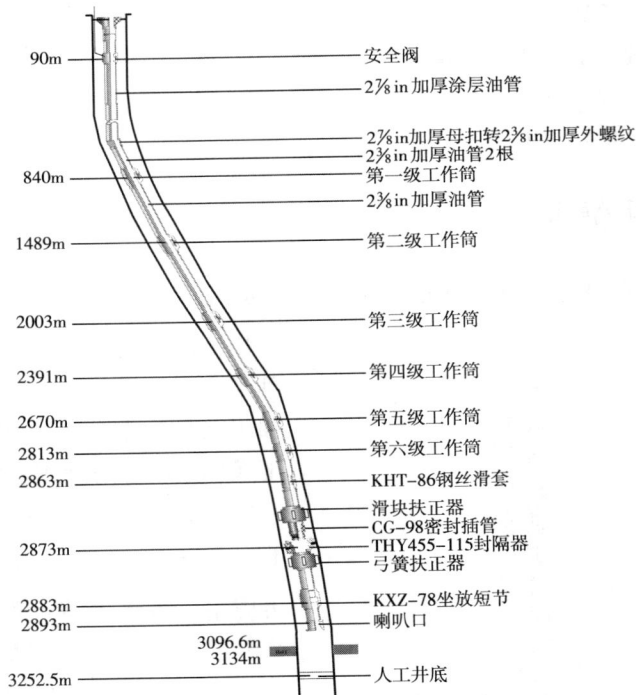

图9　大斜度井气举完井工艺管柱

Y455－115斜井封隔器在冀东油田南堡1－3人工岛完成气举完井现场施工36井次，其中新井投产23井次，老井措施后完井13井次，基本上都是应用于大斜度井。施工失败4井次，成功率为88.9%。表2统计了井斜比较大的生产井，井号及其最大井斜见表2所示。

表2　Y455-115斜井封隔器典型井斜应用情况统计表

序号	1	2	3	4	5	6	7	8	9	10
井号	NP13-X1058	NP13-X1064	NP13-X1102	NP13-X1186	NP13-X1180	NP13-X1055	NP13-X1004	NP13-1037	NP13-1006	NP13-X1058
最大井斜（°）	35.15	26.58	77.51	56.66	33.77	40.31	31.76	36.07	29.63	35.15

4　结论

本文针研制出 Y455-115 斜井封隔器，通过现场施工的应用，得出如下结论。

（1）该封隔器结构紧凑、设计合理，回收可靠，修复简单。

（2）该封隔器连接可靠，防坐封能力强，胶筒承压高，密封性能好，丢手可靠。

（3）该封隔器适用于大斜度井，施工方便，成功率高，解决了大斜度井中机械式封隔器坐封困难的技术难题。

参 考 文 献

［1］江汉石油管理局采油工艺研究所．封隔器理论基础及应用 ［M］．北京：石油工业出版社，1983

［2］机械设计手册（第四版）．北京：化学工业出版社，2005

软件开发

国产化气举优化设计软件的开发

罗 威[1] 廖锐全[2] 伍正华[1] 冯仁东[1] 徐志敏[1]

(1. 吐哈油田气举技术研究中心；2. 长江大学石油工程学院、国家采油采气重点实验室)

摘 要： 为促进气举采油技术的发展和推广应用，吐哈油田气举技术研究中心和长江大学合作研制开发了功能全面的气举优化设计软件。该软件丰富了基础理论计算和生产实际应用，具有多相流压力温度计算对比、节点分析、经济注气量分析及敏感性分析、气举布阀设计、气举工况诊断、优化配气等功能。文中论述了气举优化软件具有的主要功能模块及其应用情况。

关键词： 多相流 节点分析 敏感性分析 气举布阀 工况诊断 优化配气

气举采油技术目前是国际上应用最广泛的机械采油方式之一，气举采油应用规模仅次于有杆泵，位居世界第二，其中以苏联和美国等西方国家应用最为广泛。据统计，美国气举井数占机采井数的12%，产油量占机采井的33%；俄罗斯气举井数占机采井数的5.5%，产油量占总产量的14%。在国外，多数中、高产量井都优先考虑气举采油技术。并且，海上平台采油更多地以气举采油方式为主。我国从20世纪80年代初开始引进、研究、应用气举采油技术，在辽河、中原油田首先应用了气举采油技术，取得了良好效果。随后在90年代，相继在新疆的吐哈油田和塔里木轮南油田开展气举采油技术的研究应用，此外四川威远气田还将气举技术应用于排水采气，均取得了良好的应用效果。由于气举采油具有其他采油方式不具备的优点，应用规模呈逐年增长的趋势。因此，进行气举技术的研究及气举软件的开发，对我国气举采油技术的发展与应用有着重要的意义。

1 软件设计思路

软件设计应是立足于前人研究的被广泛使用的多相流理论[1]、[2]及其研究成果，从油井整个生产系统全面考虑：从精确描述油井流入动态到举升系统流出动态出发，依据供排协调原理建立节点分析系统和敏感性分析系统，模拟不同条件下的气举采油生产状况，根据举升效率和经济注气量分析评价结果，进行设计方案的优选。同时可以根据实际的生产条件，进行气举工况诊断分析和气举井组优化配气设计。软件界面及软件功能模块设计框图分别如图1、图2所示。

2 软件主要功能

国产化气举优化设计软件具有以下主要功能。

（1）多相流压力计算。

模拟多种多相流压力、温度计算，计算结果可与实际井筒压力、温度分布线进行对比。

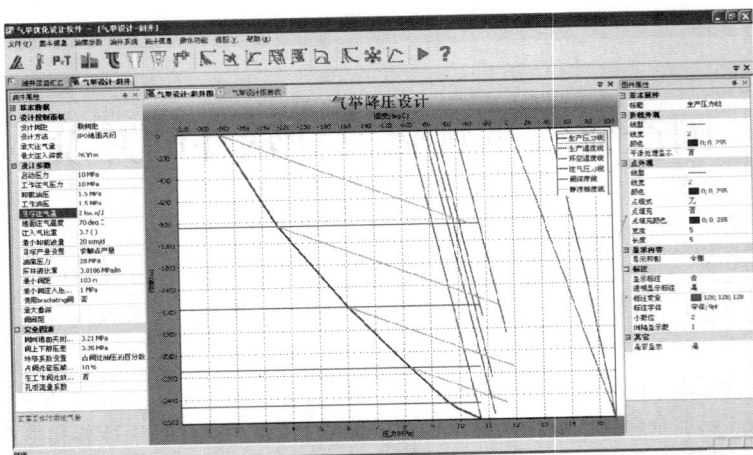

图 1　软件界面图

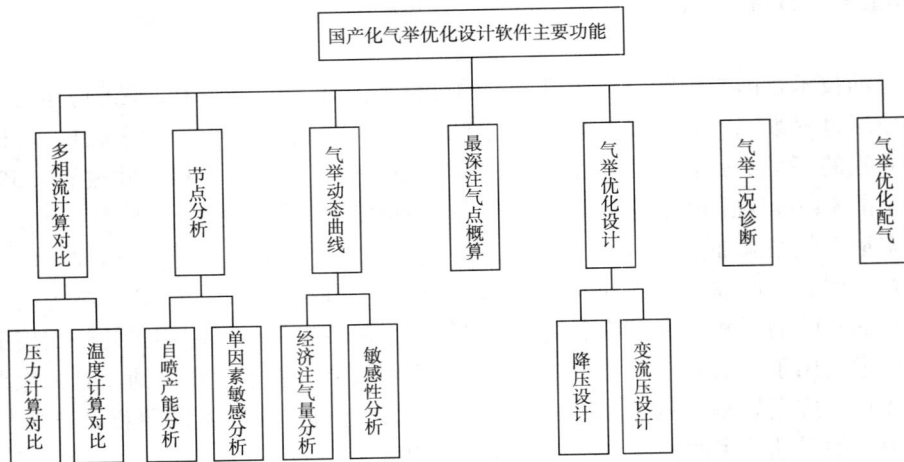

图 2　软件功能模块设计框图

（2）油井节点分析。

针对不同的油井状况，提供相应的油井产能预测，在节点处可以对参数进行敏感性分析。

（3）经济注气量及敏感性分析[3]、[4]。

可以根据现有油价和气价预测气举采油的经济注气量和最佳产液量，可以对注气压力、井口压力、油管内径、含水率等因素进行敏感性分析，绘制各种工况下的气举动态曲线。

（4）气举井布阀设计[5]。

在给定注气量和井口压力条件下优化气举工作阀下入深度及油井产液量，绘制优化方案的气举工作曲线，供排协调曲线包括产液压力分布曲线、注气压力分布曲线、井筒温度分布曲线，并计算出各阀相应的设计参数。

（5）气举工况诊断[6]、[7]。

利用地面给定生产资料可以对油井进行气举工况分析，可以分析井下气举阀的工作情况、注气量，判断卸荷是否到设计的气举阀，哪一级卸荷阀关闭不严漏气、油管漏失位置等。

（6）井组优化配气[8]、[9]。

根据气举效率最高的原则，在注气量有限的条件下，可以对给定的几口气举井进行优化配气。

3 软件运行环境

（1）硬件环境。

Intel PentiumⅢ以上及其兼容机；256MB以上内存；50MB以上未经压缩的磁盘空间；Windows支持的鼠标和键盘各一个。

（2）适应操作系统。

Microsoft Windows 98/2000/ XP/vista/7.0 简体中文或英文 Microsoft Wind + vs95/98/2000/XP，具备简体中文环境。

4 软件应用实例

应用该软件，对某油田 XXX 井进行注气量气举优化设计。

（1）油井基本数据如表1、表2所示。

表1 油井数据

名　　称	数值	名　　称	数值
油层中深（m）	2621	地层温度（℃）	101.10
油层压力（MPa）	27.78	注入气相对密度	0.70
产液指数 [m³/（d·MPa）]	2.97	流入动态	PI
原油密度	37.46	多相管流相关式	Mukh_ Beggs 法
地层气密度	0.71	油管尺寸（mm）	73.00
地层水密度	1.01	套管尺寸（mm）	139.68
原始气油比（m³/m³）	50.00	井口油压（MPa）	1.50
含水率（%）	23.00	井温梯度（℃/100m）	3.76
注气压力（MPa）	10	饱和压力（MPa）	25.40
注气温度（℃）	70	新井井型	斜井

表2 油井井斜数据表

测量深度（m）	垂深（m）	井斜（°）
62.85	62.85	0.36
666.44	659.9	22.74
1072.27	993.23	41.67
3178.3	2621	39.04

（2）节点分析。

在目前条件下，油井自喷节点分析如图3所示。

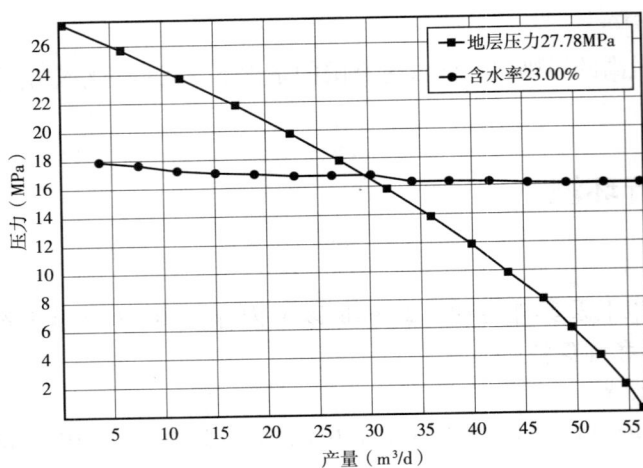

图3 油井自喷节点分析图

（3）经济注气量。

单位油价：3000元/t，单位气价：3.0元/m³，可得经济注气量3580m³/d，经济产液量45.40m³/d，如图4所示。

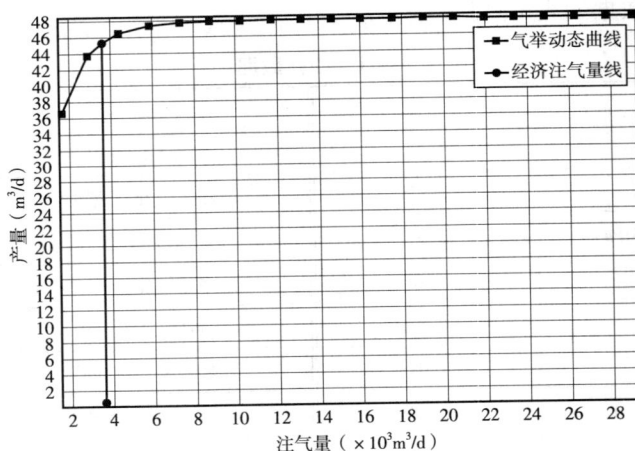

图4 经济注气量图

（4）气举井布阀设计。

注气量1000m³/d，注气压力10MPa，阀间压降0.21MPa，压井液相对密度1.06。气举降压设计如表3、图5所示。

表3 气举井降压设计表

序号	测量深度（m）	垂直深度（m）	阀尺寸（in）	试验架压力（MPa）	地面关闭压力（MPa）	地面打开压力（MPa）	阀注气量（×10³m³/d）	阀最大过气量（×10³m³/d）
1	862.34	841.36	12/64	9.43	9.35	10	0	22.94
2	1604.16	1528.5	12/64	9.34	9.14	9.55	0	22.15
3	2179.25	1906.11	12/64	9.23	8.93	9.17	0	19.43
4	2443.77	2124.24	7/64	8.28	8.72	8.85	1	1.01

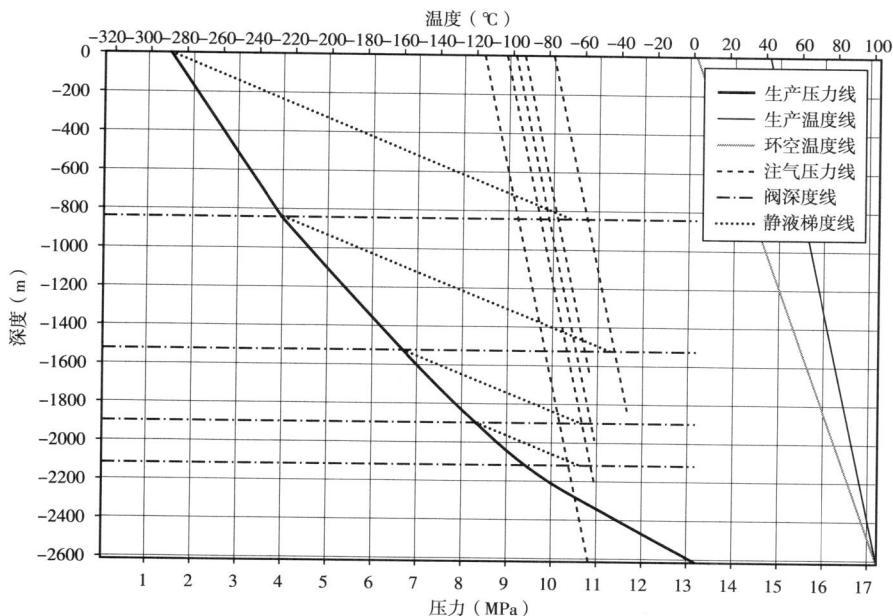

图 5　气举降压设计图

（5）气举工况诊断。

利用油井已有气举阀数据、油井生产数据，可以对气举井进行工况诊断，图 6 所示是一口实例井的工况诊断图。

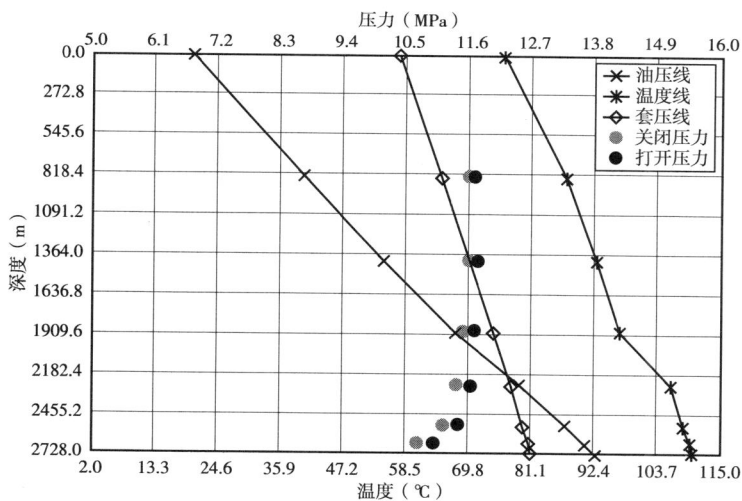

图 6　气举工况诊断图

（6）井组优化配气。

本文以三口气举井为例，根据每口气举井数据，首先获得其相应的气举动态曲线数据，如图 7—图 9 所示。然后对曲线进行一元二次函数拟合如表 4 所示，目前生产可供给三口井的总气量及产量如表 5 所示，在总气量有限的条件下，三口气举井优化配气结果如表 6 所示。

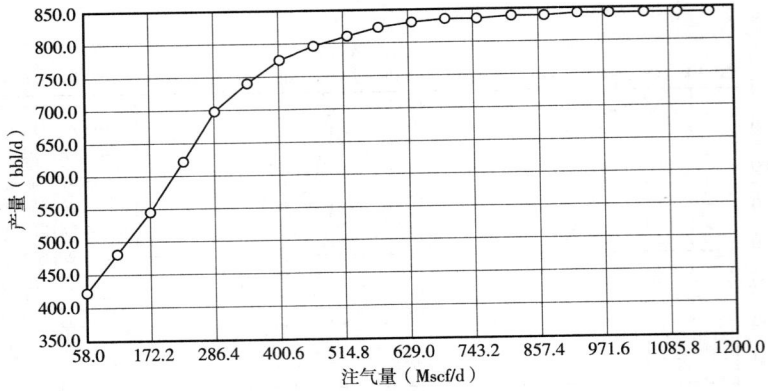

图 7　第一口气举井气举动态曲线图

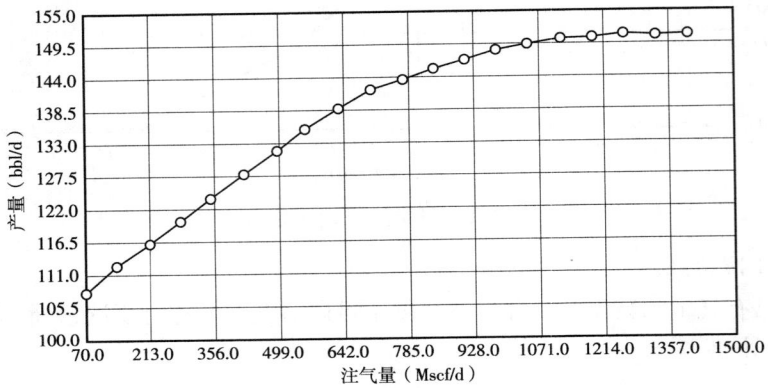

图 8　第二口气举井气举动态曲线图

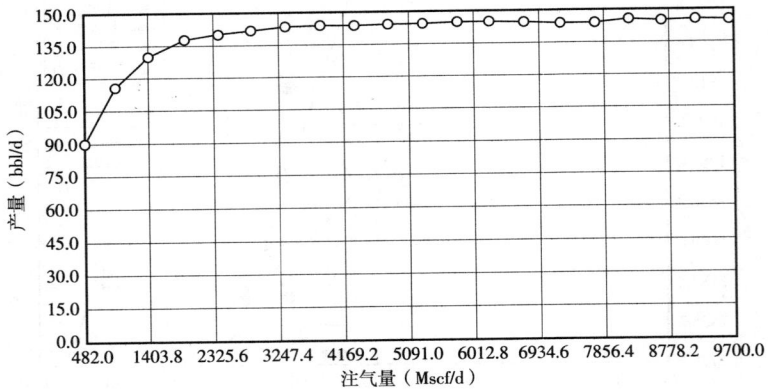

图 9　第三口气举井气举动态曲线图

表 4　一元二次函数拟合数据表

井　号	a	b	c	最大产量需注气量（Mscf/d）
第一口气举井	− 0.000676	1.14	386.75	1160
第二口气举井	− 0.000030	0.08	101.70	1400
第三口气举井	− 0.000001	0.01	103.47	9640

表 5 优化配气前生产数据表

井号	注气量（Mscf/d）	产量（bbl/d）
第一口气举井	479.5	803.16
第二口气举井	824.3	144.93
第三口气举井	2197.9	129.24
共计	3501.7	1077.33

表 6 优化配气结果表

井号	注气量（Mscf/d）	产量（bbl/d）
第一口气举井	839.14	869.35
第二口气举井	1215.21	154.96
第三口气举井	1447.35	116.05
共计	3501.70	1140.36

表 7 优化前后对比

井号	注气量对比（Mscf/d）	产量对比（bbl/d）
第一口气举井	359.64	66.19
第二口气举井	390.91	10.03
第三口气举井	−750.55	−13.19
共计	0	63.03

5 结论及建议

　　国产化气举软件的开发以目前流行的多相流理论研究成果为基础，结合油田生产实际，以解决油田生产问题为目标，通过所给实例可以看出，软件实现了油井从投产前的生产动态模拟、气举优化设计的前期规划过程到生产后的工况诊断、井组优化配气的后期管理过程，起到了减轻设计及管理人员负担和提高油井工作效率的综合效益，达到了预定的目标要求，满足了油田的生产需要，值得在油田进行推广和应用。当然，软件还存在一些不足，如缺少气举卸载模拟，间歇气举优化设计等模块、软件商业化程度不够等需要改进。

参 考 文 献

[1] 石油气液两相管流 [M]．陈家琅，陈涛平编著．北京：石油工业出版社，2010
[2] 廖锐全，汪崎生，张柏年．井筒多相管流压力梯度计算新方法 [J]．江汉石油学院学报，1998，20（1）：59～63
[3] 布朗 KE．举升法采油工艺 卷二（上）[M]．张柏年，郑昌锭译．北京：石油工业出版社，1987
[4] 常力、雷宇等．丘陵油田气举采油优化设计 [J]．江汉石油学院学报，2000，22（3），69～71

［5］李颖川．采油工程［M］．石油工业出版社，2002，50～77

［6］廖锐全，汪崎生等．连续气举油井工况诊断方法［J］．石油机械，2003，31（10）：47～49

［7］邱正阳，徐春碧等．气举凡尔工况诊断［J］．重庆石油高等专科学校学报，2002，4（4）：20～22

［8］汪崎生，张柏年等．井组连续气举系统优化配气的二次规划［J］．江汉石油学院学报，1994，16（2）：78～81

［9］刘想平，张柏年等．连续气举单元多目标优化配气方法［J］．石油勘探与开发，1995，22（5）：59～62